DROP MOTION 下ろすだけダイエット

修身顯瘦の下降運動

ゼロトレ
石村友見 著
蔡麗蓉 譯

每一種行爲，
總有與其相等的反作用力。
——艾薩克・牛頓

前幾日我遇到一位朋友，她說：「我的興趣是減肥，專長是復胖。」每次她減肥的時候，「才瘦下一點，又馬上胖起來」，而且聽說數十年如一日。

「我的意志力不夠堅定，總是很難堅持下去……。」

她用絕望的神情說了這句話，不過深入了解之後，我發現她採取的減肥法就是強制自己節食，還會去跳激烈的舞蹈，一直在做一些很難「持之以恆」的事情。使得減肥變成一種例行性「活動」，因此當活動結束後，才會馬上復胖。

人沒辦法一輩子節制碳水化合物。

人不可能一輩子不吃甜食。

人做不到每天去慢跑。

其中或許有人擁有堅強的意志力足以克服這一切，只是大部分的人，就連我在做不到上述這幾點。

想要減肥成功，最重要的關鍵就是不能勉強自己堅持下去，應選擇短時間就能改變體質，日後也能自然而然維持這種體質的方法。

完全無須付出努力的減肥法根本不存在。我寫這本書要傳授給大家的減肥法，同樣需要努力堅持4週時間這種程度。只不過，我會利用世界最先進的劃時代技巧教導大家，讓大家盡可能用最少的努力，還能樂此不疲。

恐怕接下來我要傳授給大家的方法會出人意料，將和你過去的減肥常識相去甚遠。不過在大家出乎意料之外，繼續研讀下去之後，相信大家就會明白，這才是有效率的減肥法。

只有自己，才能讓自己變美麗。

只有你，才能讓你變美麗。

能夠實現這點的終極武器，就是經本書首次披露的「下降運動」。

請大家從現在這個瞬間開始，親自來感受一下改變的樂趣。

DROP MOTION

使體質易瘦不易疲勞的最強塑身法

幾十階的樓梯阻擋了眼前的去路，要爬上這些樓梯，肯定會令人瞬間滿面愁容。一階一階地往上爬，不但會氣喘吁吁，大腿也會緊繃吃力。終於爬完樓梯的時候，甚至會發現上氣不接下氣，心臟急速跳動不停。

在新冠病毒影響下，導致缺乏運動的人更是如此，車站裡的階梯，還有人行陸橋這些障礙，都叫人憂鬱不已。我也經常看見有些人爬上最後一階樓梯之後，總得先暫時停下腳步，調整呼吸。

大家都曾在旅行時，為了前往座落在高地上的神社，登上好幾百階的樓梯。畢竟機會難得，才會下定決心開始往上爬，沒想到才爬沒幾階，大腿就已經痠到不行，甚至無法正常呼吸。

好不容易登上所有階梯，卻在隔天起床後因為肌肉痠痛而哀聲連連。其實過去爬完山後，也都會發生相同的情形。

回憶著辛苦爬上的階梯，不禁按摩起隱隱作痛的大腿。

「平時缺乏運動，所以登上那麼高的樓梯，難怪會肌肉痠痛。」

然而，倘若這些肌肉痠痛是源起於其他因素。

現在先從結論來說明一下。**肌肉痠痛的主要原因，並非「爬」樓梯的關係，而是因爲「下」樓梯所導致！**

根據全球最先進的研究發現，**肌肉痠痛容易在做完「伸展運動」之後發生，並非在「收縮運動」之後出現**。下坡「往下走」時，腳會「伸展」，因此肌肉痠痛就是起因於此。

當你會肌肉痠痛，正是在說明你的「運動效果」十分顯著。明明「往上爬」要吃力得多，為什麼輕鬆「往下走」的運動效果，卻比較好呢？假如能夠好好利用這點理論，**「就能研發出輕鬆卻效果顯著的減肥法」**。

在這樣的想法趨使之下，我才會開始著手研究，而這就是整件事的源起。

暢銷作品《修身顯瘦の零位訓練》的誕生地紐約

當時我仍是四季劇團的一員，就在演出《獅子王》等舞台劇之後，一個人來到紐約，立志要登上百老匯舞台劇。

所幸參加超過兩千人試鏡的《西貢小姐》，獲得Miss Chinatown一角，才得以站上夢想中的舞台，但在那段期間，我的身心過分操勞，最後害自己的身體千瘡百孔，連五分鐘都站不了。

那段日子我認識了瑜伽，進而研發出零位訓練。二〇一八年我的拙著《修身顯瘦の零位訓練》在日本上市之後，沒多久便榮登暢銷作品，搭配後續推出的《修身顯瘦・釋放疼痛の不動零位訓練》，一系列書籍熱賣超過一百萬本。在書籍推波助瀾下，我也參與了許多媒體的演出，更有許多企業紛紛提出合作的要求。這一切，全拜各位讀者所賜，我衷心地感謝大家。

讓身體萎縮的部位回歸原位就能瘦下來、變健康的零位訓練，就是因為我長年身在紐約才得以誕生出來。

紐約是全世界在健身及瑜伽方面最先進的都市。很多健身企業都認為，只要在紐約功成名就，就能將這些健身概念擴展至全世界。

更重要的是，紐約客對於健身、運動及瑜伽格外感興趣，甚至雇用專屬私人教練健身也是稀鬆平常之事。

因此來自世界各地頂尖一流的教練都會聚集於此，於是才會在健身領域，成為全球領先的都市。許多在日本掀起話題的健身房及健身法，都是發源自紐約。

腹肌會在上半身往上抬時收縮，往下躺時伸展

像紐約這種鑽研健身最先進的都市，有一群健身教練近年來經常將一句話掛在嘴邊。

「Eccentric」（離心運動）這個指的是「Eccentric Training」（離心訓練）這項健身法。

請大家想像一下「腹肌運動」。須仰躺下來，雙膝立起，重複將上半身往上抬、往下躺的動作。

往上抬高上半身時，腹肌在用力的同時會「一面

收縮」。像這樣**將肌肉「同時收縮」進行的運動，稱作「向心訓練」**。

其次將上半身往地面躺時，腹肌在用力的同時會「一面伸展」（因為沒用力的話會一下子就倒下去）。像這樣**將肌肉同時伸展進行的運動，稱作「離心訓練」**。

話雖然這麼說，大家完全沒必要記住艱深難懂的理論。

大部分的運動，都是在重複「往上、往下」的動作。無論是腹肌運動、深蹲、啞鈴體操，還是上下樓梯，**往上時就是在做「向心運動」，往下時就是在做「離心運動」**，哪一種動作感覺輕鬆，根本無須多作解釋。

在紐約這個地方，會著重在「往下」的動作，也就是「離心訓練」，理由非常之簡單。

因爲做起來輕鬆效果又明顯。

單看腹肌運動就明瞭，身體往上抬時除了腹部之外，頸部以及肩膀也會相當用力，不管是身體或在心情上都十分煎熬，可是將身體放下時，卻可以輕鬆不費力。

相信很多人都有一個觀念，唯有上上下下吃力的運動，才能鍛鍊到肌肉。對於「往下」的動作，應該只是認定為將往上的動作「回復原狀」而已。但是對減肥「有效」的動作，並非「往上」時的動作，而是「往下」時的動作。這點堪稱劃時代的論點。紐約的教練大家沸沸揚揚都在討論「E ccentric」的原因，就在這裡。

於是我才會**下定決心，要研發出將吃力的「往上動作」完全剔除，單做「往下動作」就能瘦下來的方法**，也就是「DROP MOTION」（下降運動），意指「往下運動」，現在大家可以不必再做吃力的「往上動作」了！

將熱量降至最低，忍住不吃愛吃的食物，靠這樣的減肥法就算可以一時片刻瘦下來，但是絕大多數的人都會復胖。

不知道這是件幸運或不幸的事，美食大部分都是屬於高熱量。幾乎沒有人可以一直忍耐不吃美食，一輩子單靠低熱量食物或是低醣飲食就能滿足。先前是暫時擋下這些甜蜜誘惑才瘦下來，所以只要停止忍耐，再度變胖也是很正常的事。

話雖如此，吃力運動也無法持之以恆。而下降運動是參考全球最新的運動科學研發而出，屬於輕鬆又效果顯著的運動，所以能讓人融入日常生活樂在其中。

「最近總是覺得累」的真實原因

下降運動除了具減肥效果，另外還有一大功效，就是**可以促進健康，尤其能使人擁有不易疲勞的強健體質**。

就在新冠狀病毒開始肆虐全球之際，不久後我在鄰近住家的車站爬樓梯時，驚覺到一件事。

以往我總是健步如飛地登上階梯，沒想到當時爬完最後一階後，竟然「上氣不接下氣」，覺得氣喘吁吁。口罩在嘴巴上起起伏伏，惱人不已。

「太奇怪了……。」

過去爬這段樓梯時，從來不曾喘不過氣。話說回來，平時待在家裡也會覺得身體比往常沉重，一下子就躺下來休息。

短時間外出採買，也會害怕染疫，真的覺得很麻煩。

從那時候開始，我發現到自己**變得很容易疲勞**。

「和以前的自己相比，明顯有差……。」

我向身邊友人提起這件事，結果大家都說：「我也變得很容易累」、「我最近也是看到樓梯就很厭煩」。現在大家都變得很容易疲勞……。而且我還察覺到，這就是**危險的疲勞狀態**。

有一位工作人員，還聊到他每次爬樓梯，心臟就會撲通撲通地跳，感覺很可怕。

因為要減少外出，我那高齡的母親無法出門散步，便提到她的體力變差，感覺做任何事都提不起勁，所以很怕會不會就這樣告別人世。

面對新冠病毒如此前所未見的不安局勢，我想大家都已經精神疲乏了，**這種疲勞的眞實原因，我認爲就是肌力下滑了**。

肌肉是延續生命的能量來源

肌肉是用來活動身體，相當於引擎的作用。**人類要是少了肌肉，根本無法行走、站立、坐著，甚至活動雙手**。再者，存在身體裡面的組織及器官同樣缺少肌肉就無法動起來。心臟的跳動、腸道的蠕動，還有呼吸，**這些用來守護生命的運動，全都是肌肉在收縮形成原動力**。只要缺乏運動，自然肌肉就會愈變愈少。肌力會隨著年齡增長而衰退，不過我們可以做肌力訓練預防這種情形，維持身體健康，使身體獲得重生變得不易疲勞。每次提到肌力訓練，大家都會覺得一定做起來吃力不討好，不過下降運動卻是任何人都能隨時隨地輕鬆進行，畢竟只需要往下做動作就行了。

可以減肥還能擁有不易疲勞的體質，具備雙重效果的世界最先進塑身法，即爲下降運動。

每位體驗者皆達到驚人成果!!

下降運動最厲害的地方，除了能使體重減輕，還能讓 5 個部位（腹部、雙臂、背部、臀部、大腿）全部小一圈！

愈來愈接近理想身材，為自己感到很驕傲！

不會因為每天的變化時而歡喜時而憂愁，全神投入勤於去做該做的事，現在的身材與理想目標愈來愈接近，真的為自己感到很驕傲。而且身體也變得很輕快，若是沒有疫情攪局的話，還真想每天都出門走走。

5 人腰圍一共減下 86.1cm！

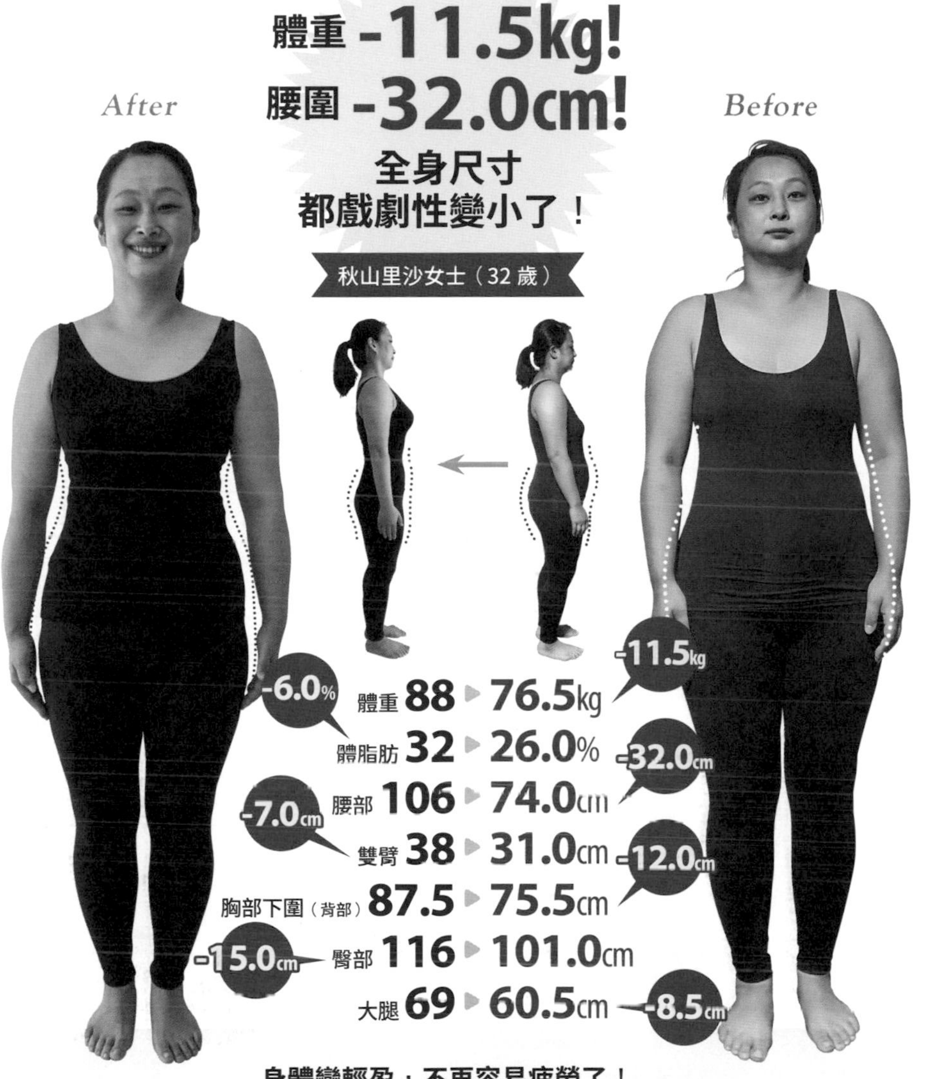

身體變輕盈，不再容易疲勞了！

身體變輕盈到令人不敢置信的地步，而且不容易感到疲勞了。現在起床神清氣爽，不再害怕早起，陪伴孩子時也能很有活力！動作簡單卻很有效果，當做動作的時間逐漸拉長時，真的感到很開心！

After *Before*

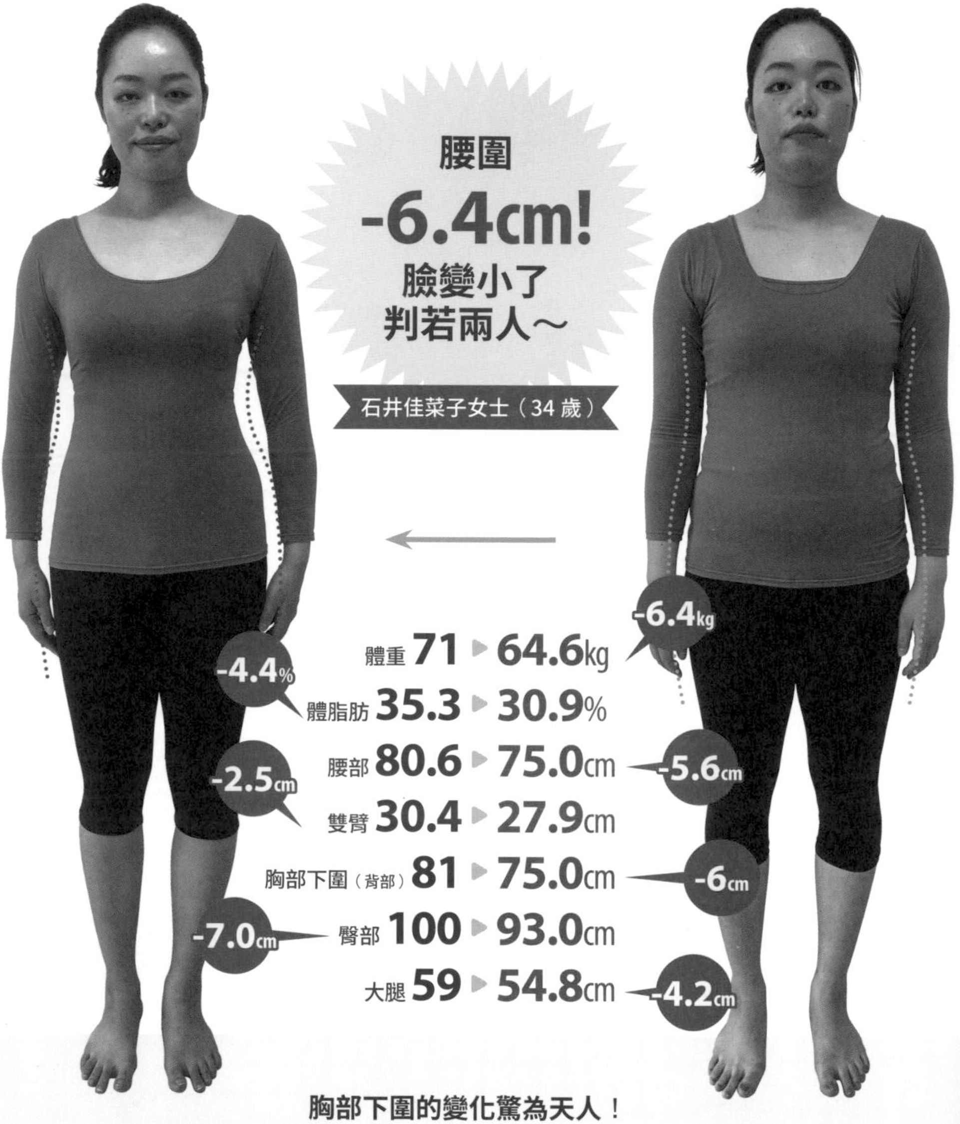

胸部下圍的變化驚為天人！

下降運動要做的次數不多，所以最重要的就是每回動作都要仔細做。我在胸部下圍出現了極大變化，而且以往身體一下子就會覺得累了，現在竟然可以愈來愈能活動自如！

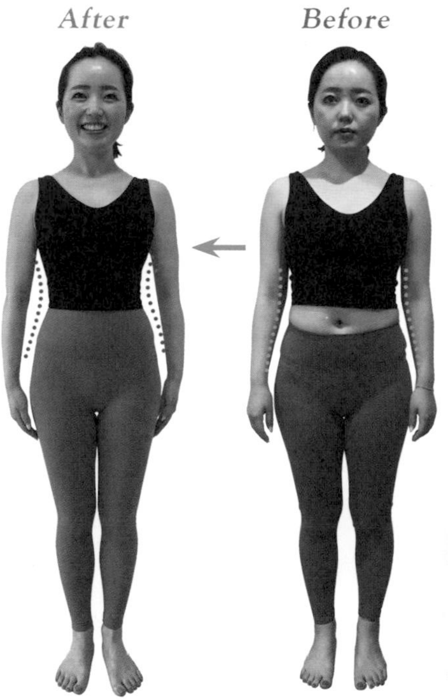

體重 -5.3kg!
腰圍 -13.0cm!

吉村和花女士（33 歲）

項目	前	後	變化
體重	49.4	44.1kg	-5.3kg
體脂肪	29.7	25.1%	-4.6%
腰部	73	60.0cm	-13.0cm
雙臂	25	23.0cm	-2.0cm
胸部下圍（背部）	70	64.5cm	-5.5cm
臀部	90	84.1cm	-5.9cm
大腿	52	47.3cm	-4.7cm

對於吃東西不再有罪惡感了！

贅肉消失，身材變得有女人味，衣服尺寸也全部小一號。身邊友人都說我的表情變開朗，整個人都漂亮起來了。

腰圍 -15cm!
連肩膀痠痛也解除了！

三浦敦子女士（65 歲）

項目	前	後	變化
體重	61	58.1kg	-2.9kg
體脂肪	38.1	36.7%	-1.4%
腰部	98	83.0cm	-15.0cm
雙臂	30	25.6cm	-4.4cm
胸部下圍（背部）	83	76.4cm	-6.6cm
臀部	98	94.5cm	-3.5cm
大腿	55	51.6cm	-3.4cm

髖關節疼痛消失了！

去年還在穿的褲子變好鬆！而且髖關節也不再疼痛，走路變得好輕鬆。如今步伐加大，走斑馬線時可以只踩著白線過馬路！

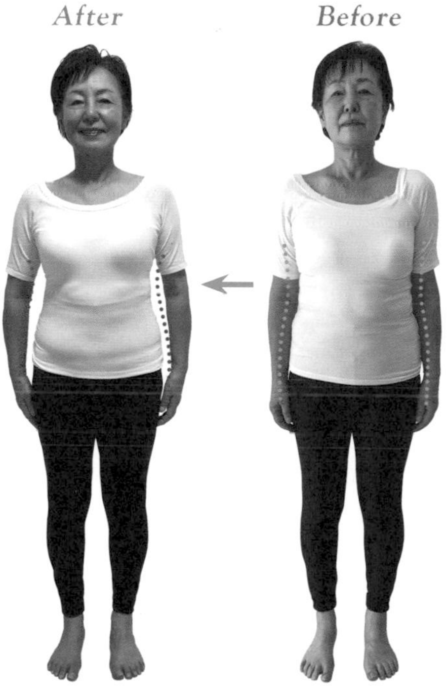

目錄

第2章 下降運動做起來！

終章 剖析下降冥想，防止暴飲暴食

特別附錄 下降運動瘦身日曆

第1章

爲什麼只做往下的動作可以瘦下來？

運動都是在重複「往上」和「往下」的動作

將物品往上舉，然後再放下來。
腹肌運動是將上半身向上抬高，接著往下躺平。
深蹲會使腰部上上下下移動。
登山後要下山，跳躍也是向上跳之後再落到地面。

運動的時候，總是「往上」和「往下」的動作成套進行。
而且大多都是「往上」時很吃力，「往下」時感覺輕鬆。
如果完全不必做「往上的動作」，單做「往下的動作」就能瘦下來的話，相信減肥會變得輕鬆又愉快。
只不過，這種事情有可能成真嗎！？
誠如開頭說明過的一樣，依據全球最先進的研究發現，「往下的動作」其實比「往上的動作」更容易「肌肉痠痛」。**會導致肌肉痠痛，即可證明肌肉有鍛鍊到了**。

明明「往上的動作」比較吃力，為什麼輕輕鬆鬆的「往下的動作」，卻會造成肌肉痠痛呢？

接下來要為大家稍微說明一下肌肉的構造。我會用淺顯易懂的方式為大家解說，「懶得花時間了解深奧理論」的人，請跳過這個部分，「想要理解肌肉構造」的人，麻煩耐心一點看完。

「只做往下的動作」就能鍛鍊肌肉的原因

肌肉是由「肌纖維」這種成束的細長纖維所組成，大家可以想像成被包覆在稻草裡的「納豆」一樣。以腹肌運動為例，從仰躺下來的狀態，用力將上半身往上（抬高）時，腹部周圍的肌肉會「收縮」，假設這時候使用到肌纖維數量為一百。

接著將上半身慢慢往下（躺下）時，腹部周圍的肌肉會「伸展」，假設這時候使用到的肌纖維數量為五十左右。也就是說，**往上（收縮）時使用了一百的肌纖維，往下（伸展）時卻只會使用到五十！**

若以公司來作比喻，完成「往上的工作」時，總共需要一百名員工流著汗水拼命工作，但在進行「往下的工作」時，卻只有五十名員工努力完成，剩餘的五十個人則是處於翹班的狀態。

一百個人當中，就有五十名員工在偷懶，所以整家公司看起來如同「一盤散沙」。感覺輕鬆就是因為這個緣故。但是滿身大汗的五十個人可就辛苦了！每一個人須負擔的工作變得很多。或許大家會想說，叫那些偷懶的人快點一起來工作不就得了。不過就是要靠這麼少的人數來工作，才能徹底訓練到這些人，因此才會肌肉痠痛。

不只腹肌運動會這樣，「下樓梯」時比「上樓梯」時更能鍛鍊到肌肉，也是因為相同的道理。

「下樓梯」時，大腿的肌肉會「伸展開來」。大家必須了解，這時候所動員的肌纖維數量，只有「爬樓梯」時的二分之一左右。

一開始「2天做1次」即可！

話說這套「往下動的運動」，多久做一次比較好呢？

當肌肉受到損傷或是疲勞累積之後，肌力會暫時衰退。在這樣勞累的狀態下做運動的話，肌肉並不會長大，疲勞只會不斷加重。

平時缺乏運動的人，需要休息48小時左右。在這段期間充分休息之後，接著再進行相同的運動的話，脂肪會燃燒，肌肉才會長大，這段過程稱之為「超回復」。在這段**超回復**的期間，最好不要勉強自己，讓肌肉好好休息才能看出運動成效。

進行下降運動，基本上以「4週時間」為基準。一開始的時候，由於身體尚未習慣做肌力訓練，因此千萬不能逞強。所以**第1週最好以「2天做1次」的頻率**進行即可。

接下來等到習慣之後，從第2週開始再請大家每天進行。

「往下動的運動」，它的魅力應該有許多人已經察覺到了。比起「往上的動作」，「往下的動作」具備了下述優點：

· **實際做起來，還有心情上都比較輕鬆。**
· **可以鍛鍊到肌肉。**
· **一開始不必每天做也沒關係！**

大家不覺得，這種運動實在劃時代嗎!?以這種「往下動的運動」為主軸的減肥理論，目前在紐約這個全球健身最先進的都市，可是十分受到矚目。

在全世界領先群倫的瘦身動作，正是這種「往下動的運動」。

如何才能完全免除「往上」的動作

解說至此，相信大家已經能夠明白，相較於「往上」的動作，「往下」的動作更輕鬆，運動效果愈佳。那麼，接下來重點來了，該如何將這項最先進的健身理論，套用在減肥當中呢？最大的問題，在於動作通常都是「往上」和「往下」成套進行。深蹲時，將腰部往下移動之後，還須往上移動回到原本的姿勢。腹肌運動也是得重複往上、往下的動作。**明明只需輕鬆的「往下」的效果，卻得交替重複「往上」的動作，這樣一點意義也沒有**。如此一來，與過去的肌力訓練系列減肥法根本沒什麼兩樣。究竟該怎麼做，才能完全免除「往上」的動作，單做「往下」的動作呢？我日復一日思考這個問題，最後終於想到了一個簡單的結論，那就是「**讓動作只做1次**」。也就是說，單純做「往下」這個方向的「單向動作」。

現在馬上為大家介紹下降運動中的一項運動，命名作「**腹肌下降運**

動」（參閱60頁），請見下方文字說明。仰躺下來之後，雙腳朝向天花板抬高，接著再慢慢地、慢慢地「往下降」，動作只做1次，**重點須著重在「做動作的秒數」**。

請大家試著做看看，**將雙腳下降至地面，最多能夠花費幾秒鐘的時間？**

我請公司一名平時有在練瑜伽和跳舞健身的工作人員來做腹肌下降運動，結果這名工作人員居然可以花2分15秒才將雙腳放下。另一方面，我再請完全沒有運動習慣的行政人員來做腹肌下降運動，才不過10秒左右。這名員工便全身「抖個不停」，而且雙腳才往下放到約莫一半程度，「煞車」就失靈了，然後啪噠一聲地落到地面上。進行下降運動的期間，粗估應為20秒左右。**只是做1次「往下降」的動作，有人可以花費長達2分15秒的時間，有人區區20秒便啪噠一聲地落到地面上**。從另一個角度來看，兩人其實有兩個共同點。其一是齊聲表示「**只是將腳往下降所以感覺很輕鬆**」。另一個共同點則是「**覺得十分精準地作用在腹部上**」，而且說完這句話後兩個人都十分興奮。

專攻想瘦下來的部位！

沒錯，「下降運動」最大的優點，就是其他部位不會額外出力，可以針對想要鍛鍊的部位，尤其**能夠精準作用在核心肌群**。

一般的腹肌運動，對於肌力差的女性來說會相當吃力。

原本只是想讓腹部消下去，然而將身體抬起來的動作實在太吃力。結果肩頸也使勁出力之下，演變成肩膀痠痛，還會因為勉強將身體抬高，而導致腰部受傷。

不僅腹肌會如此，由於「往上的動作」很吃力的關係，往往會在其他的部位使力。

結果不但會受傷，甚至於想要鍛鍊的部位也無法進行有效的訓練。

「明明只想讓臀部變緊實，沒想到大腿竟然變粗了。」

「明明只想讓雙臂變緊實，意想不到脖子居然變粗了。」

大家是否有過這樣的經驗？期望的效果落空，甚至還發生不樂見的「副作用」。

事實上會出現這些副作用，大部分都是「往上的動作」造成的。

反觀「下降運動」只需要「往下動」，因此並不會在其他部位額外出力，所以能夠精準專攻想要鍛鍊的地方。

「只做1次」真的有效嗎？

話說回來，真的「只做1次」動作，就能期待減肥效果嗎？

在肌力訓練的世界裡，決定訓練的重量與次數的時候，會運用到「RM**法**」這套論點。

所謂的RM法，為「最大反覆次數」（repetition maximum）的縮寫。

簡單來說，就是表示「**這個運動重複做幾次才會有效**」的意思。

「1次」就是極限負荷稱作「1RM」。

「5次」為極限負荷稱作「5RM」。

做腹肌運動時，「只做1次」動作，將上半身慢慢地花時間往下躺的話，稱作「1RM」；

反覆做5次為極限速度的話，稱作「5RM」。

坦白說肌肉的生長方式，會因爲「做幾次」而有所差異。

如果單只做1次，並以極限緩慢的速度做動作，有助於提升肌力。

反之，若用可以做10次或20次的速度進行的話，除了會提升肌力之外，還會形成肌肥大。

肌肥大就是指肌纖維肥大，肌肉的體積會變大的意思。

簡單來說，就是**身體會變粗、變大的鍛鍊方式**。

如果你想像健美先生一樣使肌肉的體積變大，這樣做或許很理想。

但是想擁有**美麗且充滿女人味的婀娜身材**，這樣做則會有反效果。

自從「女子肌力訓練」一詞蔚為風潮之後，在日本女性做肌力訓練的情形變得稀鬆平常。

但是請大家仔細想一想，身邊是不是有人肌力訓練做過頭，導致身材變得像男性一樣粗壯，喪失了女性特有纖細柔和的曲線美呢？

前陣子紐約也曾掀起女性做肌力訓練的風潮，結果發生什麼現象？

大家的身材變得陽剛壯碩，演變成大腿及頸部變粗、臀部變大這樣的男性化體格。

這樣一來，即便練出了六塊肌，終究是賠了夫人又折兵。

後來，沸沸揚揚的肌肉訓練風潮告終。

大家紛紛開始藉由適度的負荷，追求充滿女人味的柔美身材。

說到肌肉訓練的次數，並不是做愈多次愈好。

在健身的世界裡大家都知道一點，肌肉訓練做愈多次，反而愈會出現「肌肥大」，將與充滿女人味的身材漸行漸遠。

往1個方向，只做1次。1RM。

這麼做不單是因為輕鬆才如此，這才是使脂肪燃燒並培養肌力，同時又能實現身材充滿女人味兼具柔美特質的祕訣。

「下降運動」就是3個ONE！

只做1次「往下的動作」即可，比起往上的動作，感覺明顯輕鬆許多，精準作用在想瘦的地方，動作只要做1次，還能成就苗條美麗的身材。

像這樣堪稱魔法般的瘦身動作，就是下降運動。而下降運動，則是由3個「ONE」所組成。

ONE WAY
往1個方向

ONE TIME
只做1次

ONE MOTION
單做往下的動作

大家最常感到困擾的5個部位，腹部、雙臂、臀部、背部、大腿，針對每一個部位都已經研發出合適的下降運動。緊接著在下一章，即將為大家揭曉下降運動的全貌。

第2章

下降運動做起來！

DROP MOTION

Drop Motion

5大優點

MERIT 1

身心都會感覺很輕鬆
瘦身效果卻是無與倫比！

只有「往下」的動作，因此無論身體或是心情上都會覺得很輕鬆。所以可以愉快地完成動作，容易持之以恆。雖然輕鬆，不過會確切施加負荷在使用到的肌肉（肌纖維）上，因此脂肪燃燒效果會提升。

MERIT 2

針對想瘦的部位
精準發揮作用！

相較於「往上」的動作，「往下」的動作可以減少不必要的動作，不會在額外的部位出力，所以能夠單純專攻想要緊實的部位。

MERIT 3

使體質變得不易疲勞又強健！

肌肉是活動身體的能量來源，如同車子的引擎，因此必須充分鍛鍊肌肉，才能一輩子擁有強健又不易疲勞的體質。

MERIT 4

可以自然融入日常生活當中

只做 1 次，做到感覺**到達極限**的秒數即可，不需要做好幾回合，所以再忙碌的人，也很容易將下降運動融入日常生活當中。

MERIT 5

塑造出女人味十足的美麗好身材

可以專攻想要緊實的部位，而且只須做 1 次（1RM），能避免肌肉的體積變大，因此女性來做下降運動，完全不必擔心身材會變得像男性一樣壯碩，得以塑造出充滿女人味、擁有適度曲線又苗條的身材。

會抖的部位表示有練到

誠如再三提醒大家的重點，下降運動是單做「往下」的動作，所以比起「往上」的動作，心情上會輕鬆許多，不過卻相當有效果。

下降運動用一句話來解釋的話，就是**面對重力一面踩煞車一面抵抗的運動**。

一開始做動作之後，假使沒有踩煞車，肢體會立刻往下掉。為了避免這種情形發生，必須一面踩煞車，同時放慢動作花好幾秒的時間往下放。這就是下降運動。緩慢往下放之後，身體將有信號顯現，就是會「開始抖動」。平時愈是缺乏運動的人，起初可能會抖得相當厲害，不過這就是**肌肉有鍛鍊到**，**脂肪正在燃燒的證明**。

請大家嘗試做做看，並且將注意力放在下述這幾點上。

Point 1

哪裡會一直抖動？

舉例來說，如果是在做第60頁的「腹肌下降運動」，正在鍛鍊的部位就是「腹肌」。因此當動作正確的話，**主要應該是腹部會出現抖動**。假如是頸部或雙臂等部位抖個不停，代表其他部位不應該使力卻出力了，或是姿勢不良，並沒有鍛鍊到重點部位。這種時候，**請再次回到一開始的位置，使注意力集中在應該鍛鍊到的部位上，讓其他部位放鬆下來，然後重做一次**。

Point 2

一開始別要求太多

下降運動的動作，愈到後半階段，抖動情形也會逐漸加劇。**最初不要勉強，請在適當秒數結束動作**。重複幾次做下來，就會長出肌肉，時間也會拉長，所以一開始沒必要挑戰自己做到極限為止。

接下來，終於要為大家介紹如何進行下降運動了。

準備用品

下降運動不需要任何器具，不過最好要備有瑜伽墊和浴巾，但是不必特別採買。沒有器具也能隨時隨地進行下降運動。

做完下降運動之後，再進行「消除疲勞伸展操」（參閱 100 頁）的話，才容易消除肌肉疲勞。

下述 5 個動作，請每回「各做 1 次」。
每次做的時間拉得愈長，說明肌肉愈變愈緊實了！

01 腹肌下降運動 p.60

02 雙臂下降運動 p.66

下降運動就是這5個動作

03
臀部下降運動 p.72

04
背部下降運動 p.78

05
大腿下降運動 p.84

Drop Motion

01

腹肌下降運動

Abs by Drop Motion

想要消除腹部的脂肪，
打造曼妙的腰身曲線，
就靠這個動作。
不但能鍛鍊到腹部深處的核心肌群，
預防腰痛的效果也是超群！

瘦身部位
腹部周圍

理想秒數
60 秒以上

基本作法

註：孕婦或是因椎間盤突出等會腰痛的人，請先向醫師諮詢過後再進行下降運動。運動期間感覺身體某處會劇烈疼痛時，請立即停止動作。

Point

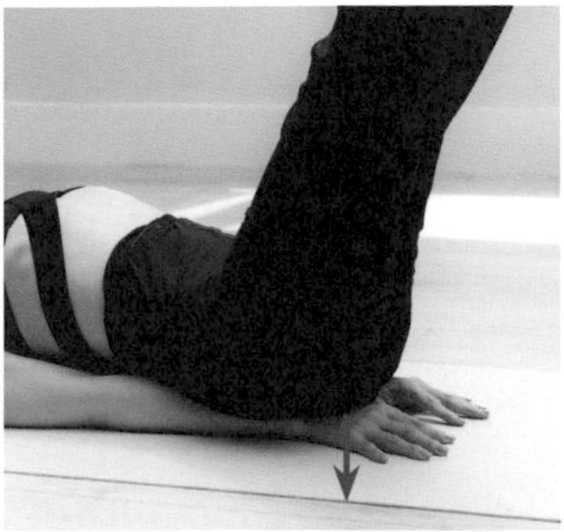

以手掌用力
壓著地板進行

用力壓著地板之後肩膀會打開，肩頸不會額外出力，可以單純有效鍛鍊到腹肌。

NG

腰部後仰，下巴抬高

這麼做的話腰部容易受傷，大腿也會使力，以致於腳會變粗。

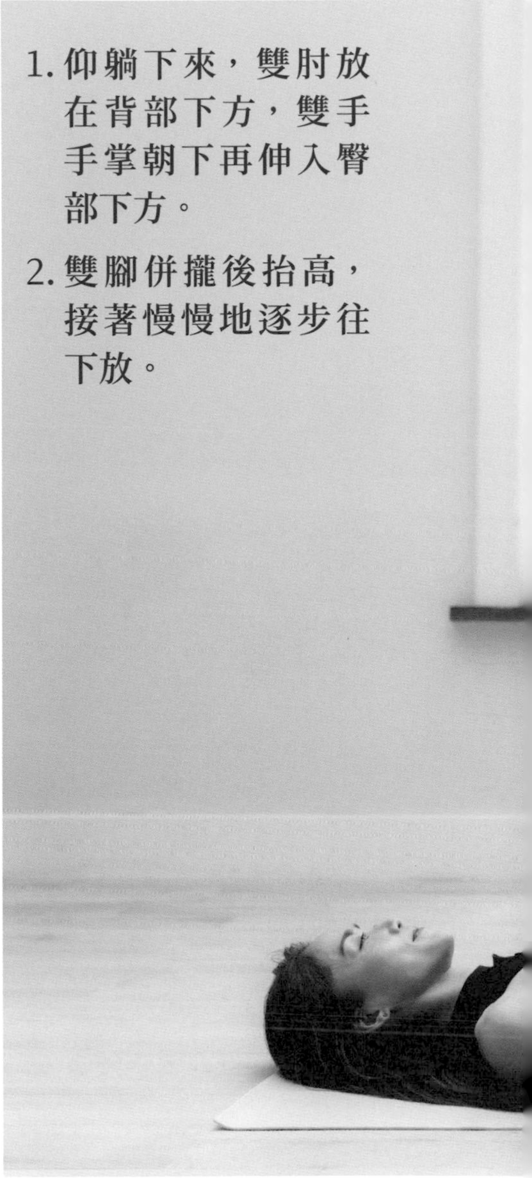

1. 仰躺下來，雙肘放在背部下方，雙手手掌朝下再伸入臀部下方。
2. 雙腳併攏後抬高，接著慢慢地逐步往下放。

想要減輕負荷時

膝蓋彎曲

「基本作法」的膝蓋彎曲版本。這麼做的話腳的重量會減輕，負荷會變小。腳打直後無法完成動作的人，可以從彎曲膝蓋的動作開始做起。

想要更有效果時

上半身往下躺

雙膝立起，雙手於後腦杓交握，慢慢地將上半身往下躺。上半身與下半身的重量為6：4，上半身比較重，因此會施加更多負荷鍛鍊腹部。

Point

從頭到尾都要收下巴，用能看見肚臍的姿勢做動作。

注意

有時會猛然往下倒，所以頭部下方要鋪著毛巾。

Drop Motion

02

雙臂下降運動

Upper arm by Drop Motion

瘦身部位

雙臂

一個人的形象，
完全取決於雙臂。
緊緻的雙臂，
會給人俐落又健康的感覺。

理想秒數

30 秒以上

基本作法

註：孕婦或是有腱鞘炎、肩膀會痛的人，請先向醫師諮詢過後再進行下降運動。
運動期間感覺身體某處會劇烈疼痛時，請立即停止動作。

Point

手肘不能打開，將肚臍往背部收

手肘不能打開，才能精準專攻雙臂發揮鍛鍊的效果。當腹部鬆垮往下掉的話，時間便無法拉長，所以要如同將肚臍往背部方向收的姿勢做動作。

NG

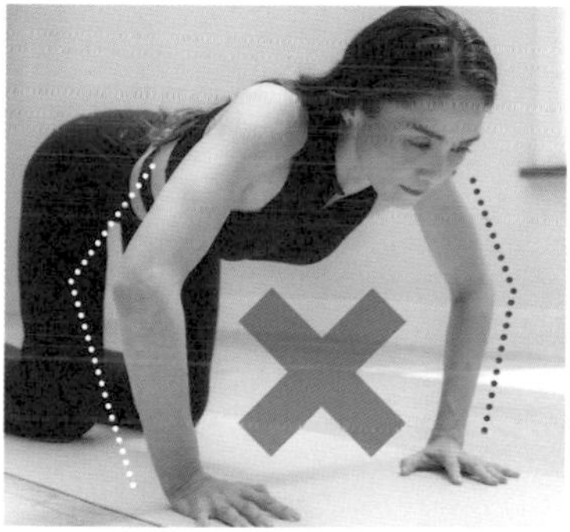

手肘打開了

這樣一來肩頸會額外出力，導致肩膀痠痛或頸部變粗。

1. 呈四足跪姿。手腕位於肩膀下方，膝蓋移至雙腳根部下方。
2. 一面將雙膝彎曲，同時慢慢地使下半身逐步往下降。

想要減輕負荷時

Point

手肘不能打開。

面向牆壁做動作

「基本作法」的站姿版本。手貼著牆壁的時候，身體要像照片這樣，稍微傾斜保持距離站立。站著進行不容易受重力影響，所以負荷較輕。

想要更有效果時

膝蓋離地

「基本作法」的伏地挺身版本。一面將肚臍往背部方向收，並且慢慢地逐步彎曲手肘。能夠完成這個動作的話，證明雙臂已經鍛鍊得相當不錯了。

Drop Motion

03

臀部下降運動

Buttocks Drop Motion

一般在深蹲時，
需要用到腳的力量，
因此大腿會變粗。
但是臀部下降運動
只會精準鍛鍊到臀部，
實現翹挺美臀！

瘦身部位
臀部
理想秒數
60 秒以上

基本作法

1. 雙腳打開與腰同寬後站好，雙手於後腦杓交握，雙腳腳尖抬高。
2. 一面將臀部往後拉，同時慢慢地使腰部往下移動，再將上半身前傾。

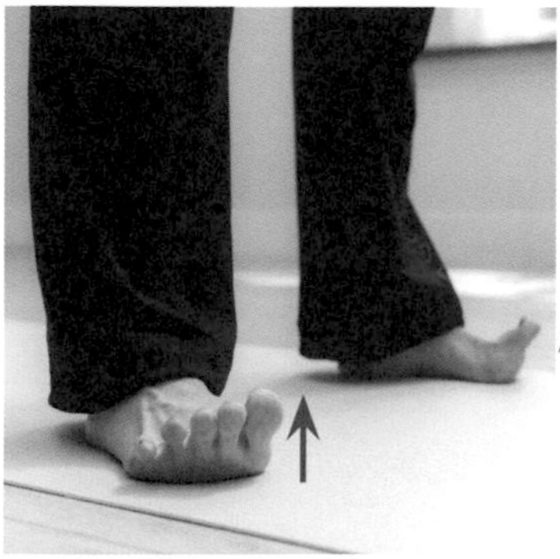

Point

將臀部用力往後拉

膝蓋要避免超出腳尖，同時將腰部往下移動，使臀部用力往後拉。重心會因此落在「腳跟」，只會精準鍛鍊到臀部。腳尖抬高的動作，可以強制讓重心落在腳跟。如果大腿有鍛鍊到的感覺，代表臀部往後拉的程度不夠，請重做一次。

NG

臀部沒有往後拉，膝蓋超出腳尖了

這樣的話只會造成大腿及膝蓋的負擔，並不會鍛鍊到臀部，不但大腿會變粗，還會導致膝蓋受傷。除此之外，下巴過度往內收的話會造成駝背，所以要特別注意。

註：孕婦或是膝蓋會痛的人，請先向醫師諮詢過後再進行下降運動。運動期間感覺身體某處會劇烈疼痛時，請立即停止動作。

想要減輕負荷時

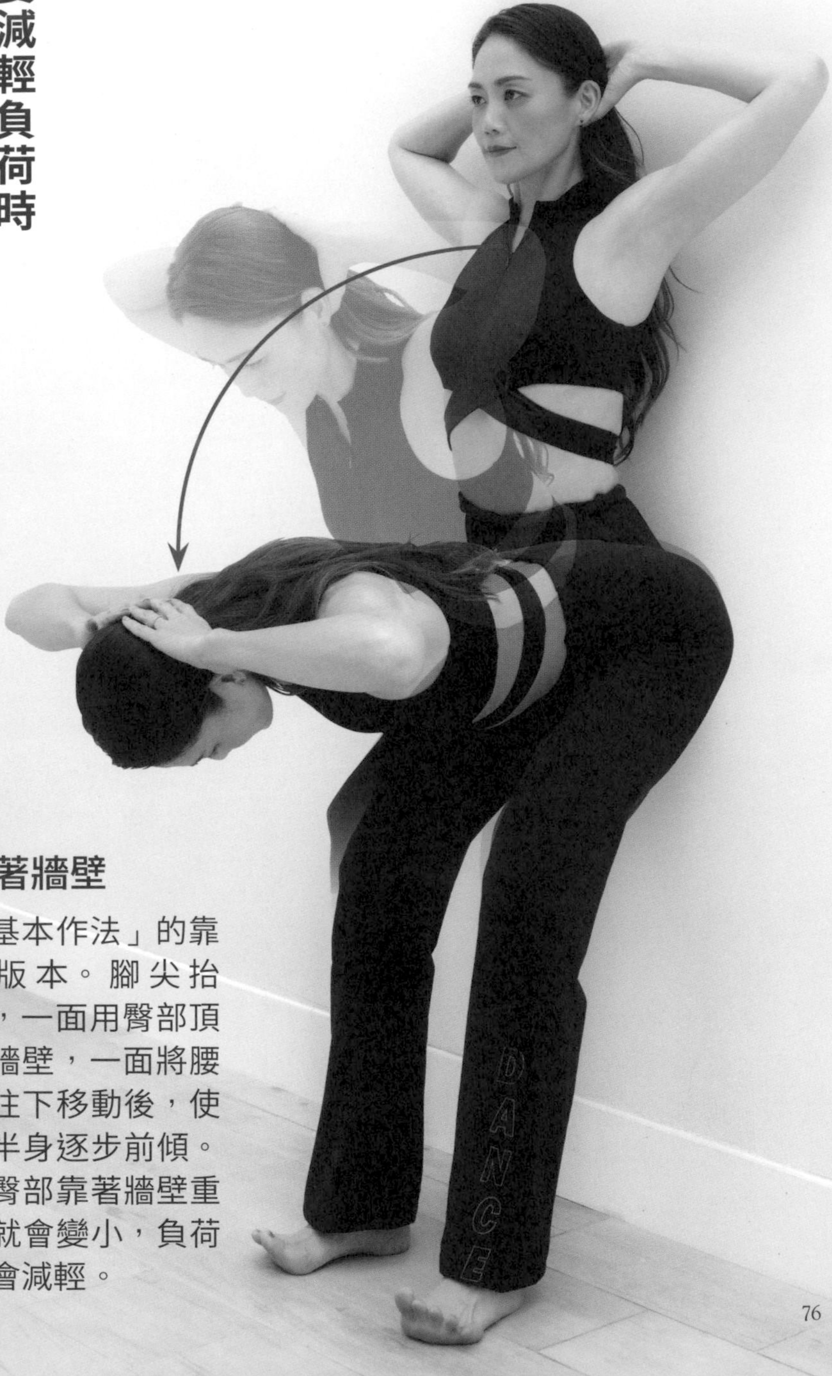

靠著牆壁

「基本作法」的靠壁版本。腳尖抬高，一面用臀部頂著牆壁，一面將腰部往下移動後，使上半身逐步前傾。讓臀部靠著牆壁重力就會變小，負荷便會減輕。

Point

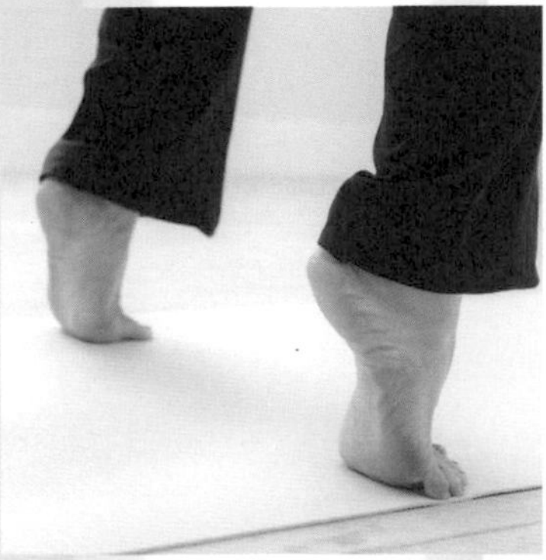

腳跟抬高，同時將臀部用力往後拉。

雙腳腳跟抬高

「基本作法」的腳跟抬高版本。腳跟抬高後支點會變小，支撐身體時會變得很吃力。

Drop Motion

04 背部下降運動

Back by Drop Motion

理想秒數

60 秒以上

美麗的身材，來自美麗的背部。
想成爲任何角度皆完美的
「無死角美人」，
就靠這個堪稱壓箱寶的下降運動！

基本作法

註：孕婦或是膝蓋、髖關節會痛的人，請先向醫師諮詢過後再進行下降運動。
運動期間感覺身體某處會劇烈疼痛時，請立即停止動作。

Point

肩膀打開，大拇指朝上

做動作的同時要將胸部打開，避免肩膀內縮。雙手的大拇指須經常朝上。

NG

變成駝背、肩膀內縮

一旦肩膀跑到前方，就不會使用到背部，背部就不會緊實。

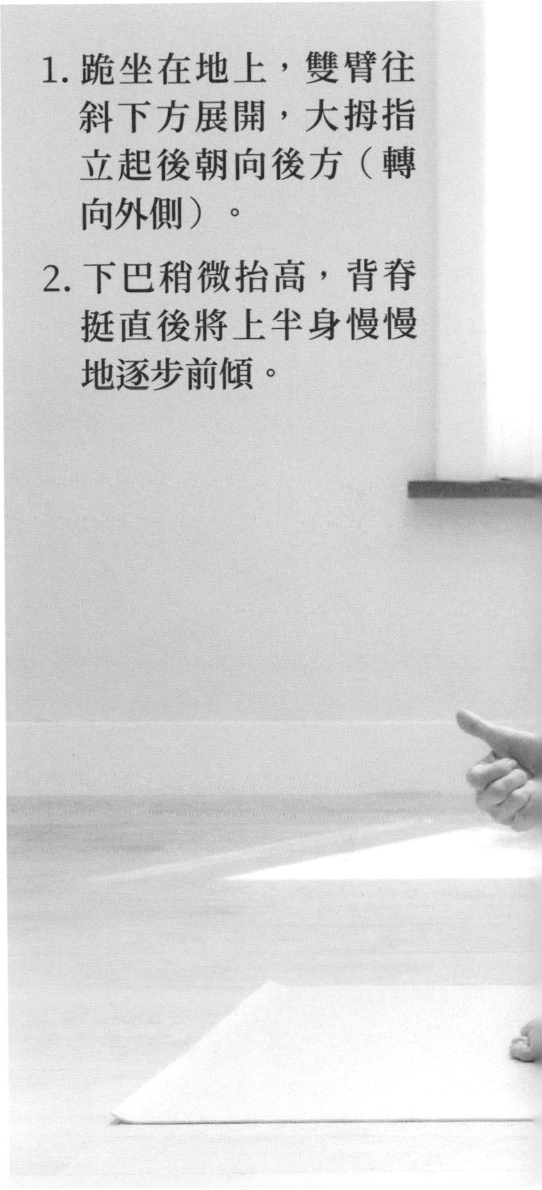

1. 跪坐在地上，雙臂往斜下方展開，大拇指立起後朝向後方（轉向外側）。
2. 下巴稍微抬高，背脊挺直後將上半身慢慢地逐步前傾。

想要減輕負荷時

坐在椅子上

「基本作法」的坐在椅子上版本。相較於跪坐在地上的時候，下半身無須承受上半身的重量，所以做起來會比較輕鬆。膝蓋會痛或是腹部不舒服的人，建議用這種方式來做運動。

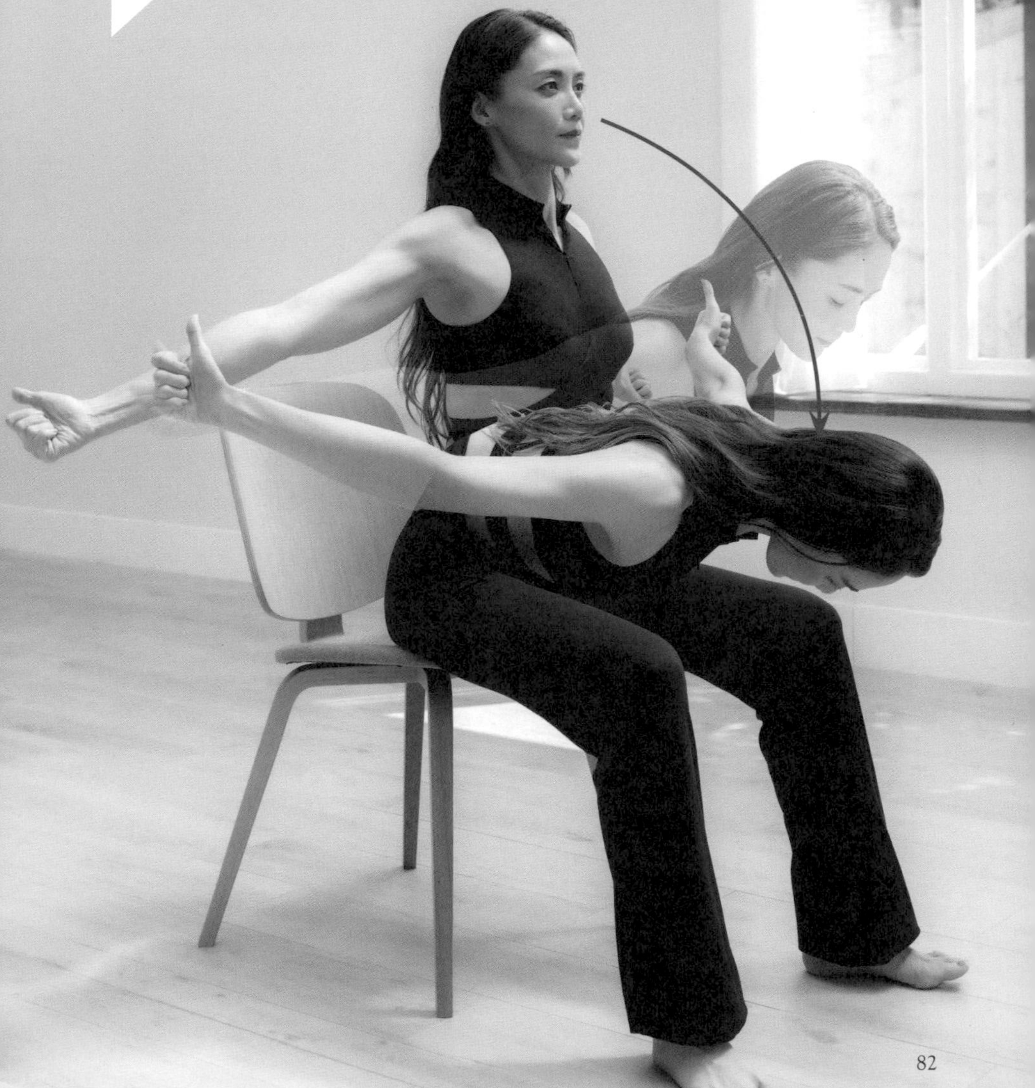

雙臂抬高

「基本作法」的雙臂抬高版本。將雙臂抬高後，上半身的重量會增加，在逐漸前傾的過程中，施加在背部的負荷會變大。

Drop Motion

05 大腿下降運動

Thigh by Drop Motion

實現纖細美腿的終極法寶，
就是這款大腿下降運動！
雙腿會變得緊緻修長，
肯定吸引周遭每一個人的目光。

理想秒數
30 秒以上
瘦身部位
大腿

基本作法

註：孕婦或是腰部、膝蓋會痛的人，請先向醫師諮詢過後再進行下降運動。
運動期間感覺身體某處會劇烈疼痛時，請立即停止動作。

Point

腹部內縮，背脊挺直

腹部內縮，背脊挺直再往後傾倒，藉此可精準鍛鍊到大腿的肌肉。

NG

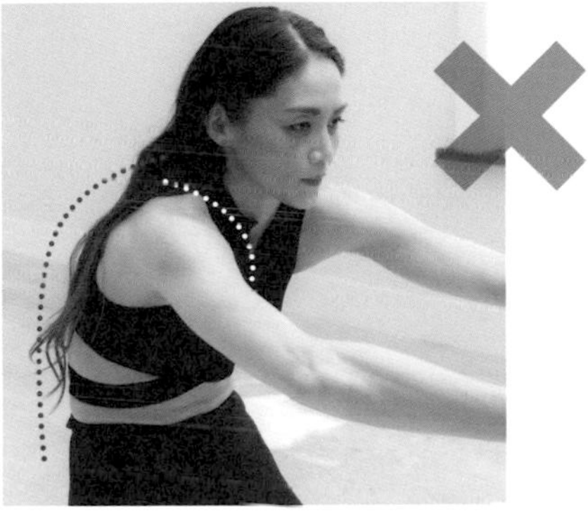

變成駝背、肩膀內縮

只要一駝背，肩頸及背部就會出力，而無法鍛鍊到大腿。

1. 腳尖立起，再將膝蓋立起，並將雙臂於肩膀高度打直後雙手交握。
2. 上半身慢慢地逐步往後方倒下。

雙手叉腰

「基本作法」的雙手叉腰版本。少掉了手臂的重量，相對施加在大腿上的負荷會減少。不過做動作的時候須同時將背脊挺直。

想要更有效果時

雙手於後腦杓交握

「基本作法」的雙手於後腦杓交握版本。手臂位於上方的位置，因此上半身的重量會增加，施加在大腿上的負荷會加重。不過做動作的時候須同時將背脊挺直。

第3章

下降運動Q&A

接下來，將針對大家在意的疑問，諸如「在哪個時間帶做下降運動比較有效？」、「可以吃甜食嗎？」等困擾，一一為大家解答。

Q1 肌肉痠痛還是可以做下降運動嗎？

↓ 還是可以做！

在仍會感覺肌肉痠痛的時候做下降運動的話，大家也許會擔心，接下來肌肉痠痛恢復的速度會變慢，其實並不會發生這種情形。請大家在一開始的第1週「2天做1次」，讓身體習慣一下，自第2週起再「每天」進行。

Q2 在哪個時間帶做比較有效？

↓ 建議在入浴後做。

做下降運動時，切記**身體不能是冰涼的狀態**。早上起床那一瞬間，身體尚未溫熱，難以活動自如，所以最好避免在此時做下降運動，除了這個時間帶

之外，隨時做下降運動皆無妨。尤其推薦大家在洗完澡後做下降運動，因為身體已經溫熱且容易流汗，才具有燃燒脂肪的效果。

Q3 下降運動可以帶來哪些健康效果？

說穿了就是可以打造抗老化的體質！

剛出生的嬰兒肌肉量少，所以無法站立也不能行走。日後慢慢長出肌肉，直到20歲左右肌肉才會長得粗壯修長。一般來說，肌肉會從此時逐漸變少，**到了大約70歲，將減少至20歲時的40%左右。尤其在30～50歲這段時間，日常缺乏運動的人更需要特別留意。**如果你屬於這類型的人，肌肉量有時將隨著年齡增長而急速下滑。

一旦肌肉變少，罹患**肺炎**、**感染症**、**糖尿病以及免疫系統衰退**等各式各樣疾病的風險將會升高。依據厚生勞働省的報告（二〇一五年二月），其中有項調查結果便顯示，肌肉量少的高齡男性，比起肌肉量多的男性，死亡率竟高達2倍左右。

肌肉具有牢固支撐身體、徹底活動身體、蓄積能量這些重要的作用，可說相當於身體的引擎。所以當這個引擎愈能充分發揮功能，愈可以長生不老。

下降運動能夠極有效率地，鍛鍊到腹部、雙臂、臀部、背部、大腿這些活動身體時相當重要的肌群。而且藉由下降運動，**還可以促使包括心臟等臟器回春，呼吸也會加深**。

用來維持生命的運動，全都是以肌肉的收縮作為原動力。如能將下降運動融入日常生活當中，不但能使人瘦下來，還能獲得健康。

Q4 終究還是得節食才能瘦下來嗎？

⇣ 其實反而應該增加飲食的次數比較好！

既然要減肥，所以有人會認為應該連飲食也減量，打算一口氣瘦下來。但是這樣反而會出現反效果。因為要增加肌肉量，需要蛋白質在細胞內合成，而蛋白質通常是在攝取飲食時進行合成。

所以過去總是1天吃3餐的人，應增加到4餐，這樣肌肉量才更有可能增加。話雖如此，當1天所攝取的熱量變多，一定會發胖，因此正確作法是**食量不變但是增加用餐次數**。

此外，減肥大敵乃源自壓力的暴飲暴食，如何防止這種情形，將於終章再為大家解說。

Q5 可以吃甜食嗎？

⇣ 想吃的話，建議做完下降運動再吃！

究竟為什麼吃甜食會發胖呢？每次攝取醣類之後，血糖值就會上升，進而分泌出名為胰島素的賀爾蒙。這種賀爾蒙的作用，是將碳水化合物及糖儲存在脂肪細胞裡，因此脂肪會增加，人才會變胖。

除此之外，胰島素也具有使肌肉增加的作用，因此完全不攝取醣類也不是件好事。想吃甜食的話，建議做完下降運動再吃，因為健身後胰島素才不容易作用在脂肪細胞上。一直忍著不吃最愛的甜食，也會形成壓力，所以**不妨規定自己「每週1次，做完下降運動再吃」，用來獎賞努力做運動的自己**。

Q6 如何將下降運動融入日常生活？

有2個方法要教給大家！

1.不爬樓梯，只下樓梯！

絕大多數的減肥書籍，都會告訴大家請多爬樓梯，不過其實沒那個必要。「往下」的動作比「往上」的動作減肥效果更好，因此爬樓梯時盡量使用手扶梯或升降梯，下樓梯時請走樓梯。

※大家也要留意別跌倒了。

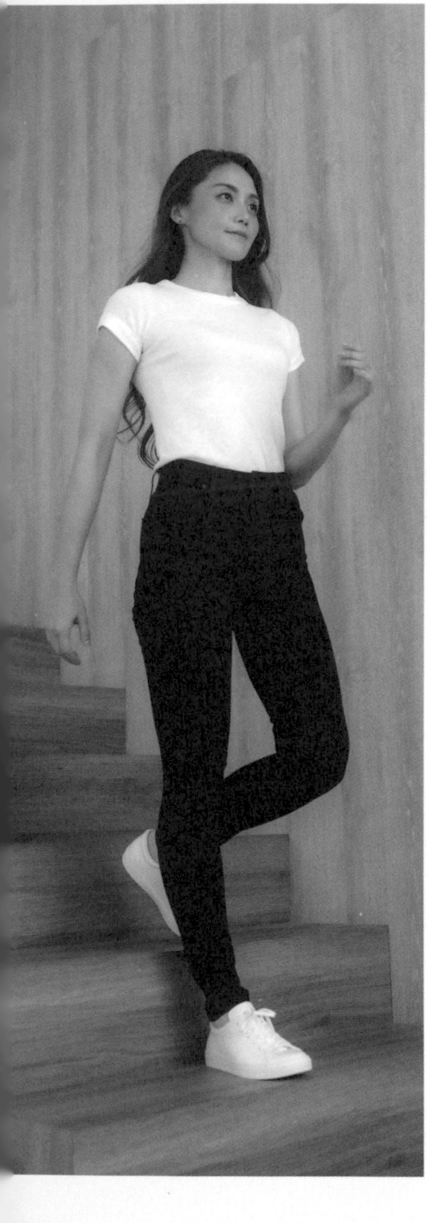

2.坐椅子時放慢動作！

將下降運動融入日常生活最具代表性的動作，就是坐椅子的動作。請大家試著數數看，1天下來會坐幾次椅子？順便告訴大家，我是46次。要坐椅子的時候，請參考第72頁的「臀部下降運動」，放慢動作再坐下來，這樣每次坐椅子時，就能雕塑到腹部、臀部、大腿了。

第4章

紐約式消除疲勞伸展操

下降運動是「一面伸展」肌肉一面鍛鍊的健身法，相較於「往上抬」、「向上舉」這類「一面收縮」肌肉一面鍛鍊的健身法，身體雖然感覺輕鬆，加諸在肌肉上的負荷卻更大，可以精準鍛鍊到想瘦的部位，接下來的幾天，也容易引發肌肉痠痛。

即便在肌肉痠痛下做下降運動，效果也不會變差，不過**最好還是每次都要盡量在舒適的狀態下做下降運動**，這樣做起來才會「起勁」。

因此做完下降運動之後，建議大家做做「**緩和運動**」，以免疲勞過度累積。這裡提到的緩和運動，指的就是「伸展操」。有做伸展操的話，**疲勞恢復的速度會加快，才會使人對減肥更有動力、更容易堅持下去**。

話雖如此，伸展操隨便亂做的話，反而會影響減肥效果，或是害人受傷。請大家在做伸展操的同時，也要嚴守下述3點注意事項。

Point 1

下降運動「做完之後」再做伸展操！

做肌力訓練之前做「伸展操」，會有一個很致命的缺點。二〇〇四年，加拿大ＳＭＢＪ醫院的許萊亞醫師曾經發表：「**做肌力訓練前做伸展操，會使肌力及瞬間暴發力減弱。**」日後，許多研究者也紛紛提出了相同的研究報告。

伸展操有兩種，一種是讓肌肉靜態伸展的「靜態伸展操」，還有讓肌肉動態伸展的「動態伸展操」，目前已知，做完前者之後，**副交感神經會處於優勢，導致肌力變差**。

而且在肌肉內部存在量測肌肉「伸展情況」的感覺受納器「肌梭」，當做完伸展操之後，肌梭的靈敏度就會下降，以致於肌力難以發揮。這樣一來，肌力訓練的效果將會變差。

伸展操等到做完肌力訓練再做的話，可使肌肉的血流量增加，才能發揮恢復疲勞的效果。下降運動結束之後，不妨做些輕度伸展操放鬆肌肉，即可消除疲勞，身體方面也會感到舒適愉快。不過長時間做伸展操反而會造成肌肉疲勞，因此做5～10分鐘左右就夠了。

Point 2

肌肉在「吐氣」時才容易伸展開來！

伸展肌肉時，切記要「呼——」地一聲，將氣吐出來。肌肉與呼吸有著密切關係。我想大家都聽說過「自律神經」一詞，我們在吸氣時，使人「緊張起來」的交感神經會處於優勢，吐氣時則是讓人解除緊張的副交感神經會位於優勢。一旦副交感神經位於優勢，肌肉便容易徹底鬆弛下來，所以吐氣之後，才能提高伸展操的效果。

最不好的作法，就是用力時停止呼吸。這樣一來，血管受到壓迫血壓便會上升，造成血管飽受壓力。

我也是一名瑜伽專家，這就意味著我正是呼吸的專家。接下來，馬上來為大家介紹做伸展操的過程中，可用來舒服伸展肌肉的壓箱寶呼吸法，請大家試著做做看。

基本上呼吸首重吐氣。須從鼻子吸氣 3 秒，再從嘴巴花 7 秒時間慢慢吐氣。

Point 3

「痛得很舒服」才會完全伸展開來！

做伸展操的當下，請不要去想「努力做操」這件事。愈是努力伸展，愈會造成反效果。承前所述，肌肉裡都內藏肌梭這類的感覺受納器。這種感覺受納器會隨時監控「肌肉的長度」，當肌肉繼續伸展下去將會發生危險的時候，為了保護身體，就會反射性地發出「收縮！」的信號。

乍看之下，身體似乎十分柔軟的瑜伽教練裡頭，事實上有許多人都十分煩惱身體欠缺柔軟度的問題。很多瑜伽教練過度練習，勉強自己完成需要柔軟度的姿勢之後，結果肌肉反而收縮了。明明想要努力伸展開來，沒想到身體反而變僵硬了，這樣真的會欲哭無淚。做伸展操的期間，最重要的是盡量放鬆，不要過度伸展。單純伸展到舒服的程度會伸展不足，伸展到會痛的程度又會導致肌肉收縮，因此有一個參考標準，請大家要做到「**痛得很舒服**」的程度。

伸展操「3大重點」總整理

做完下降運動之後再做伸展操！

肌肉在「吐氣」時才容易伸展開來！

「痛得很舒服」才會完全伸展開來！

留意上述3大重點再做伸展操，才能維持在良好的狀態，減肥也才會一直充滿動力。下降運動會鍛鍊到腹部、雙臂、臀部、背部、大腿的肌肉，因此可以確實伸展到這幾個部位的伸展操，最是恰當。

接著就來針對不同部位，為大家介紹5款消除疲勞的伸展操，請視當天哪個部位感覺疲勞，再選擇適當的伸展操來做。5款伸展操完全沒必要每回都做。可以單做1款自己想做的伸展操，想做2、3種也沒關係。

重點在於要放鬆身體，並且伸展到「痛得很舒服」的程度。做伸展操絕對不能太努力，請在做完下降運動之後，安排一段療癒的時間好好慰勞一下身體。

Stretch

01

腹肌伸展操

透過「腹肌下降運動」（參閱60頁）鍛鍊完腹部的肌肉之後，做這款伸展操最有效。不但可維持腹肌的柔軟度，還能達到預防腰痛等效果。

次數

左右各1次

呼吸

吸氣 3 秒，再一面吐氣 7 秒一面轉腰

伸展部位

腹部

1. 與牆壁間隔一點距離後站好，雙手在肩膀的高度展開。
2. 一面吸氣 3 秒一面伸展背肌，接著吐氣 7 秒同時使上半身往右側扭轉，再將手貼壁。另一側也以相同方式進行。

註：孕婦請避免做這個伸展操。

Point

伸展背肌後轉腰

保持背脊挺直的姿勢就能單純伸展腹部。

NG

臉朝下變成駝背姿勢

一旦駝背膝蓋就會扭轉，肩膀還會用力，將導致受傷或引發痠痛。

Stretch

02 雙臂伸展操

次數

1 次

透過「雙臂下降運動」（參閱66頁）
鍛鍊完雙臂的肌肉之後，
做這款伸展操最有效。
不但可伸展雙臂的肌肉，
同時還能使肩關節變柔軟，
因此肩膀痠痛也會輕鬆緩解。

呼吸

吸氣 3 秒，再吐氣 7 秒同時彎曲

伸展部位

雙臂

Point

手肘不要打開，做動作時從頭到尾都要看著肚臍

手肘往後彎曲呈 90 度。隨時都要看著肚臍做動作。

NG

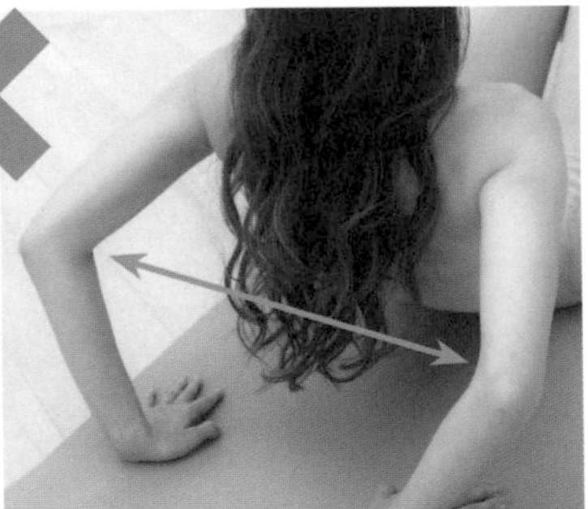

手肘打開，下巴抬高

一旦手肘打開，雙臂就無法伸展，將導致肩關節飽受負荷。
而下巴一抬高的話，恐會使脖子受傷，所以要多加留意。

註：有腱鞘炎或是肩膀會慣性脫臼的人，
　　請先向醫師諮詢過後再進行伸展操。

1. 雙膝立起後坐著，手盡量在後方貼地。此時手的指尖須朝向自己。
2. 吸氣 3 秒後，吐氣 7 秒同時慢慢彎曲手肘。使腰部、背部逐漸貼地。但是絕對不能勉強，伸展到手肘彎曲的程度即可。

Stretch

03 臀部伸展操

次數

左右
各1次

透過「臀部下降運動」（參閱72頁）
鍛鍊完臀部的肌肉之後，
做這款伸展操最有效。
瑜伽稱之爲「鴿式」，
還具有預防腰痛的效果。

呼吸

吸氣 3 秒，再吐氣 7 秒同時伸展

伸展部位

臀部

註：膝蓋會痛的人，請先向醫師諮詢過後再進行伸展操。

Point

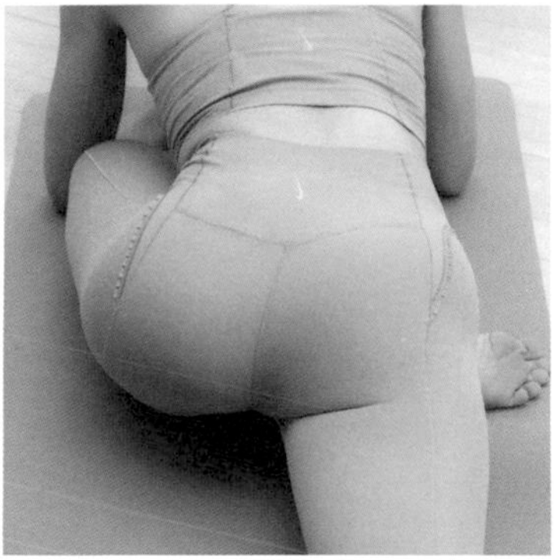

骨盆與地面呈平行

骨盆左右兩側與地面呈平行的話，臀部才會徹底伸展開來。

NG

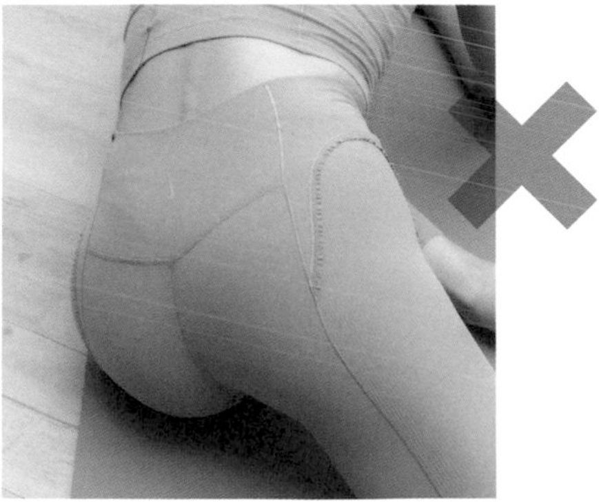

重心偏向單側

當重心傾斜的話，臀部便無法伸展開來。

1. 坐在地板上再將左腳彎曲，右腳往後方伸直後膝蓋朝下。雙手貼地。
2. 吸氣 3 秒，再吐氣 7 秒同時使上半身前傾。臀部會有伸展開來的感覺。絕對不能勉強，伸展到能力範圍內即可。換腳後另一側也以相同方式進行。

Stretch

04

背部伸展操

透過「背部下降運動」（參閱78頁）鍛鍊完背部的肌肉之後，做這款伸展操最有效。背部是佔全身面積特別大的部位。使背部變柔軟的話，身體才會具備柔軟度。還能發揮預防腰痛、肩頸痠痛的效果。

呼吸

吸氣 3 秒，再吐氣 7 秒同時彎曲

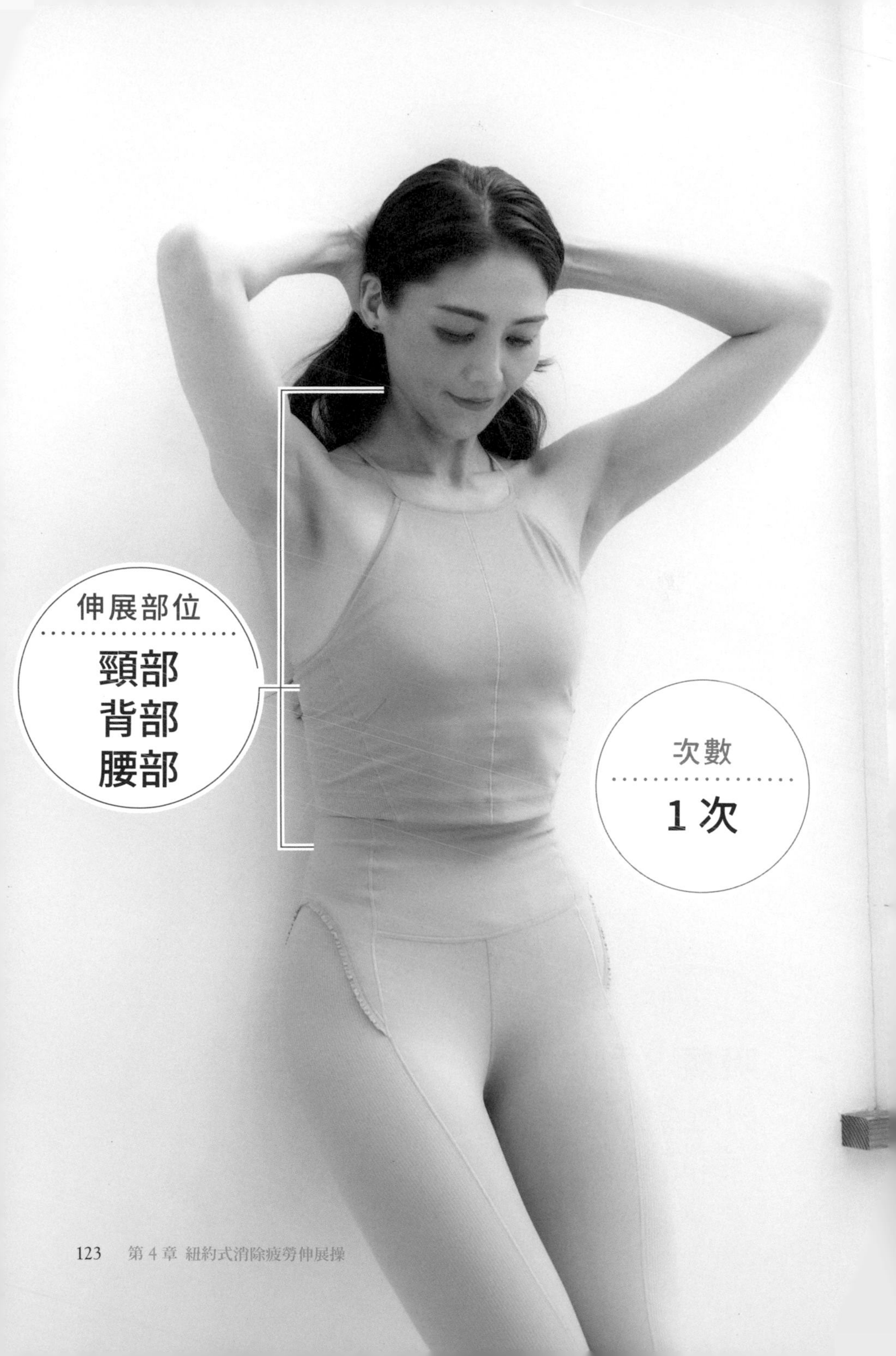
伸展部位
頸部
背部
腰部
次數
1 次

1. 與牆壁間隔一點距離後站好，雙手於後腦杓交握，使肩膀、背部、臀部完全貼壁。
2. 吸氣 3 秒後，吐氣 7 秒同時使頭部前傾，將背部拱起來。

Point

將背部往牆壁壓，同時拱起來

用力將背部往牆壁壓，同時頭部與頸部要拱起來，背部才會徹底伸展。

NG

背部離開牆壁

背部離開牆壁，腰部後仰的話，背部便無法伸展開來。還有造成腰部受傷之虞，所以要特別小心。

註：膝蓋會痛的人，請先向醫師諮詢過後再進行伸展操。

Stretch

05 大腿伸展操

次數

左右
各 1 次

呼吸

吸氣 3 秒，
再吐氣 7 秒
同時伸展

透過「大腿下降運動」（參閱84頁）
鍛鍊完大腿的肌肉之後，做這款伸展操最有效。
大腿屬於大塊肌肉，
所以只要維持大腿的柔軟度，
全身的動作就會具備柔軟度。

註：膝蓋會痛的人，請先向醫師諮詢過後再進行伸展操。

Point

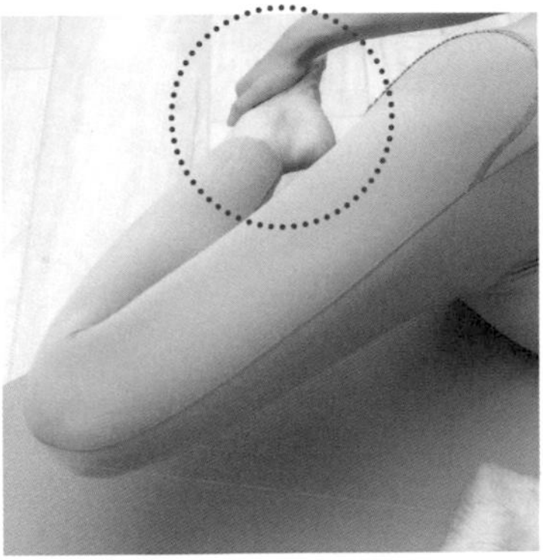

使腳跟貼在大腿後側

使腳跟貼在大腿後側，感覺大腿前側有伸展開來。此時膝蓋和腳尖要與地面呈平行。

NG

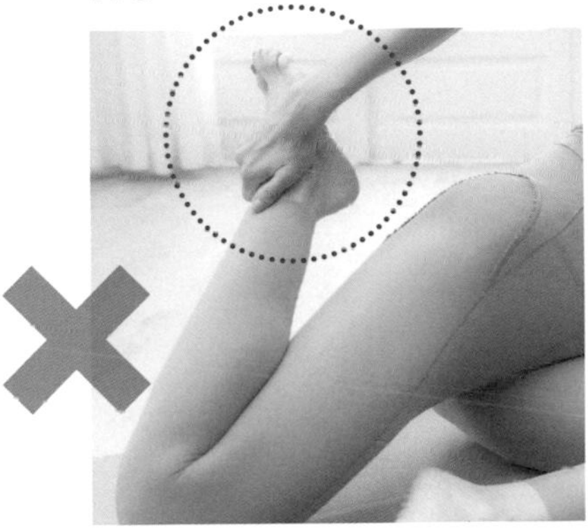

腳尖抬高了

腳尖高過膝蓋的話，大腿前側便無法伸展，還會造成膝蓋受傷。

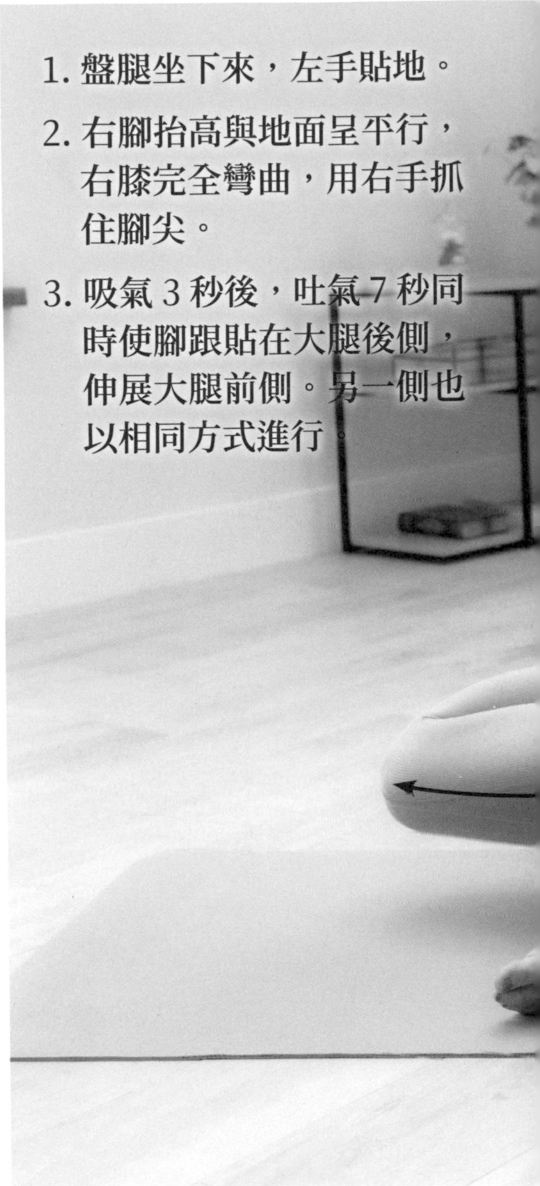

1. 盤腿坐下來，左手貼地。
2. 右腳抬高與地面呈平行，右膝完全彎曲，用右手抓住腳尖。
3. 吸氣 3 秒後，吐氣 7 秒同時使腳跟貼在大腿後側，伸展大腿前側。另一側也以相同方式進行。

終章

剖析下降冥想，防止暴飲暴食

在本書最後，還有一個與「下降」有關的環節要請大家實行。

這部分要由你自己做起。

馬上來一探究竟吧！

不僅是下降運動，當你打算進行任何一項減肥法時，一定會遭遇一大敵人，就是「**過食**」——**飲食過量**。消耗熱量與攝取熱量的道理無須再多作解釋了，無論你跑了幾公里、不管你游了幾公里，只要壓力上身吃的太多，這些努力都會形同泡影。

坊間充斥許多減肥法，標榜邊吃邊瘦這類的廣告台詞。畢竟是人類，不管怎樣都只能邊吃邊瘦身，可是若說「吃太多也能瘦」的話，這可真是無稽之談了。

下降運動是以全世界最先進的肌肉訓練知識為基礎，由我竭盡所能研究而出，讓減肥能更有效率的運動方案。執行這項減肥法的期間，不必改變平時的飲食，但是我要先明白地告訴大家，倘若你想瘦下來，卻比平時吃得更多（攝取熱量），恐怕很難減肥成功。

導致你「過食」的種種原因

因為「暴飲暴食」所導致的減肥失敗，以及減肥結束後由於「大吃大喝」而復胖，這些原因都曾藉由腦科學加以剖析過，但我更認為一切都可以用「內心」的變化加以說明。

我長年在紐約從事培育瑜伽教練的工作，因此總是會對學員提到一點，那就是**「內心」與「眞正的自己」完全不可混爲一談**。

俗話常說，「要聽從自己內心的聲音」（Listen to your heart）。不要經過大腦思考再下決斷或採取行動，而要順從「內心的想法」活在當下，這樣的觀念一直深植人心。

但是瑜伽的教誨卻是完全相反。內心經常會波動、驚恐、慌亂、失序。尤其在減肥期間，多數人都會感到壓力，所以這樣的內心波動將更加劇烈。這種時候，**若是依循內心的想法過生活的話，會讓自己更痛若，使**

自己受傷。

樹木會開花結果，果實花朵的顏色瞬息萬變使人眼花繚亂，綻放再枯萎，正因為如此才美麗且虛幻。完全如同「內心」的波動一樣。

但是追根究柢，對於樹木而言最重要的是種子。沒有種子的話，樹木根本不會存在，也無法深根固柢。撒下種子伸出強根後，樹木才會成長，經年累月威風欉爽地立地生存。這顆種子，正是你「真正的自己」。

「內心」與「真正的自己」不可一概而論。一開始學習瑜伽，必須先有這樣的認知。

折騰你「內心」的行為

再繼續深入探討一下。「內心」與「真正的自己」明明不可混為一談，但內心卻不時會假扮成「我自己」。每次遇到這種時候，就以為內心的波動即為自己的真實反應。然而內心其實相當見異思遷，會憤怒、悲傷、喜悅、沮喪，偶而甚至會絕望。

之前減肥失敗過好幾次，或是身材與自己的理想相去甚遠時，更容易感到沮喪，還會自我肯定感低落。

但是真正的你，應該對投入某事物充滿熱情，享受和朋友相聚的時光，深愛著最珍惜的人，對未來一直抱持希望才是。**遺失這樣「真正的自己」，總是被激烈的內心波動擺弄的話，實在是太可惜了**。「過食」這個惡魔，就會在這種時候露出邪惡的笑容來到你的身邊。

請大家想像大海的模樣。本以為暴風雨襲來會使海面波濤洶湧，結果只是掀起小浪便風平浪靜，接著又因某些因素狂浪再起。「內心」也是一樣。受到內心擺弄，能量劇烈消耗後，你將會遺失「真正的自己」。

但是大海會受到風影響的，頂多只有海面。**深海即便暴風雨侵來依舊安穩如昔**。譬如魚群只要遇到暴風雨，就會潛入深海避難，這就是最好的證明。「內心」頂多像是海面的波浪。**「真正的自己」其實磊磊落落**

處於大海更深更深的地方。所以深潛下去，就能找到真正的你自己。

於是，為了深潛下去，必須使海面風平浪靜，因為在狂風暴雨大作的日子，即便是世界首屈一指的潛水員，也無法下潛到深海裡。

在本章開頭已經告訴過大家，「有一個與下降有關的環節請由你自己做起」。現在大家或許已經明白了。

在海面上總是會遭逢「內心的暴風雨」，無法逃離過食的命運。因此，**我希望你自己要慢慢地讓自己下沉到深海裡**。大海深處風平浪靜，與海面相較之下，天敵也會驟減許多。讓身體一步步下降到平和安靜的處所，心情就會平穩下來。

話雖如此，像這樣單用文字說明，大家可能不知道如何聯想。所以現在我要教大家一個「實踐」的方法，讓大家懂得如何聯想。我將這個方法稱之為「**下降冥想**」。關鍵在於「**呼吸**」。詳細作法容後介紹，請大家一定要來親自試試看。

當你像這樣回歸真正的自己，變得比過去更能深呼吸，將會到達前所未有的放鬆狀態。

所以會讓你從一直努力振作，總是在緊繃的開機狀態，變成全身不再使力的關機狀態、

讓慌亂的內心平靜下來的過程，在瑜伽會解釋成**使內心止滅**。

堪稱減肥大敵的過食行為，容易在內心慌亂時發生。本章要介紹的「下降冥想」，大家可以在做完下降運動後養成習慣，做個1分鐘左右，也可以在感覺現在內心有點紛亂的時候，靜下心來做一回。

減肥的期間，請大家盡量讓內心清心寡慾，試著平靜地過日子吧！

Meditation

下降冥想

作法

請仰躺下來，手掌朝上，
想像自己正飄浮在海面上的感覺。
強風吹來，好不容易才能飄浮在海面。
吸氣3秒後讓腹部鼓起，
再花7秒時間一面吐氣。
一面將腹部內縮，
使腹部往地板的方向降下去。

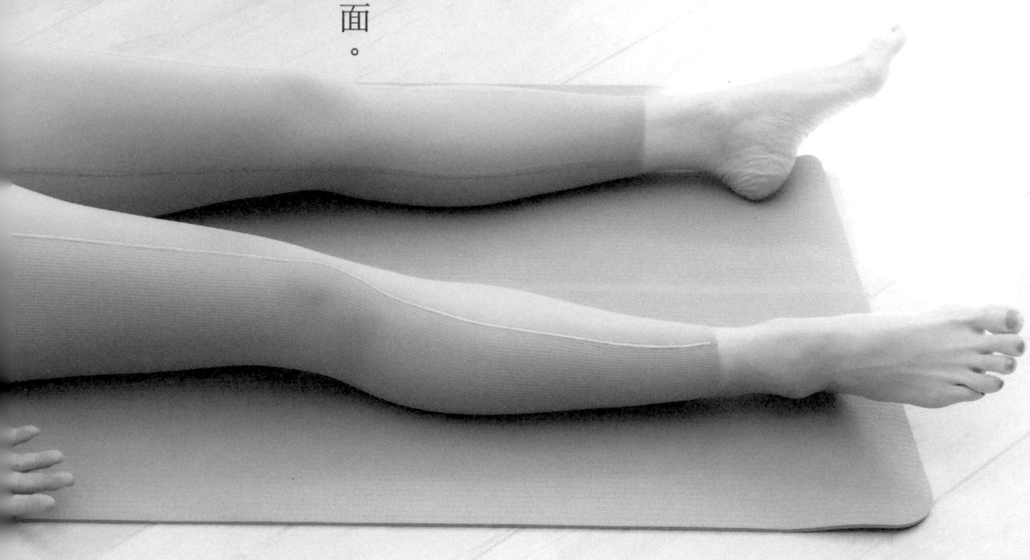

這時候，
請想像你自己往海底的方向下沉。
吸氣3秒後停止動作，
吐氣7秒的同時再往下沉。
吸氣3秒後停止動作，
吐氣7秒的同時再往下沉。
吸氣3秒後停止動作，
吐氣7秒的同時再往下沉。
反覆做這些動作，
慢慢地沉到海底去。
海面上的暴風雨恍如一場夢，
海中一片風平浪靜。
紛亂的內心，逐漸平息無事，
最終消失得無影無蹤。

每次提到減肥，注意力往往只會集中在「瘦下來」這件事，但是我在本書最渴望的，其實是「不但要瘦下來，還要變健康」。所以才會精挑細選出「離心訓練」，讓身體在做「下降」（伸展）運動的同時，還能培養出肌肉。

肌肉對人類而言屬於能量來源，相當於引擎。一般來說，肌肉量會隨著年齡增長而減少。長期缺乏運動的話，肌肉一定會萎縮，身體將無法活動自如，還會變得很容易跌倒。

這種情形不只會發生在高齡者身上，有的人就算年紀輕輕，肌肉量卻少得可憐。

在震盪全球的新冠病毒影響之下，外出機會減少，導致缺乏運動，這樣除了會變胖之外，感覺身體能量（體力）下滑的人，應該不在少數。

據說人類如果長達1週時間臥床不起的話，肌力會下降10～15％。當躺著的時間再繼續拉長到1個月時，肌力甚至會下降

50%。

相信很多人都見過太空人返回地球後，無法憑一己之力站立的模樣。這就是因為曾經待在不需要肌力的無重力宇宙空間，於是肌肉才會急劇衰退。

將下降運動融入日常生活之後，體態會改善，同時還可以使身體能量來源的肌肉增加。藉由這種方式，肯定也能讓你的健康壽命延長。

下降運動不但能瘦下來，還能變健康，實在是一舉兩得。希望本書能夠幫助大家調整體質，讓你的人生發光發熱。

石村友見

日曆」的使用方法

請大家要每天記錄，
才能激勵自己喔！

下降運動除了能讓體重往下掉，在減少腰圍尺寸方面也能發揮戲劇性的效果！只要記錄在這張日曆上，就能體會到下降運動的「秒數」增加後，體重及腰圍逐漸減少的樂趣！基本上要「為期4週」。因此在日曆表面會顯示「1～4週的記錄」，想要繼續做下去的人，背面還可以填寫「5～8週的記錄」。

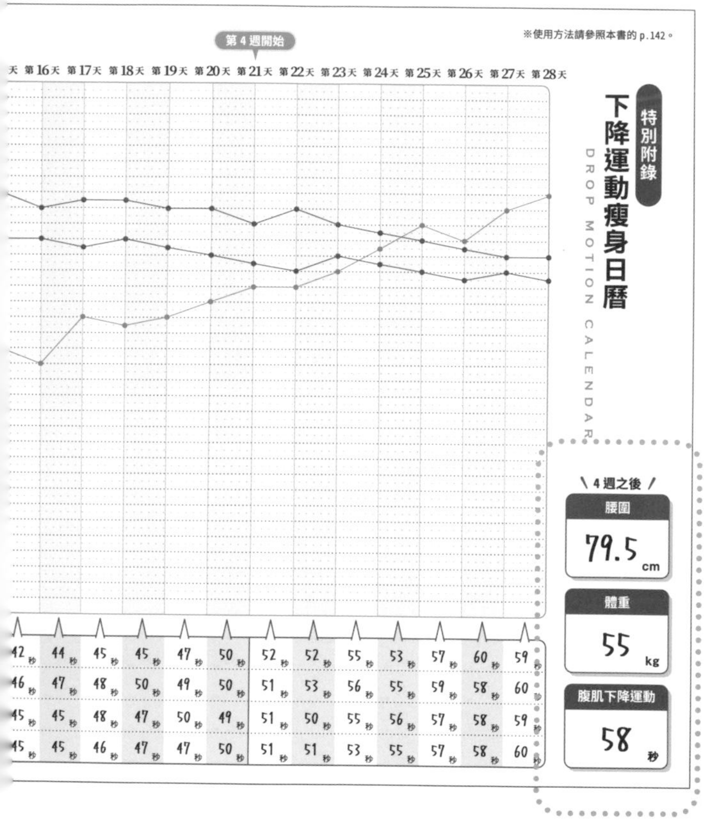

終於要邁向終點了！

請記錄下4週之後的結果。

特別附錄

「下降運動瘦身

＼ 開始時 ／

腰圍

cm

體重

kg

／ 開始時 ＼

記錄下腰圍和體重！

寫下開始時的腰圍與體重。

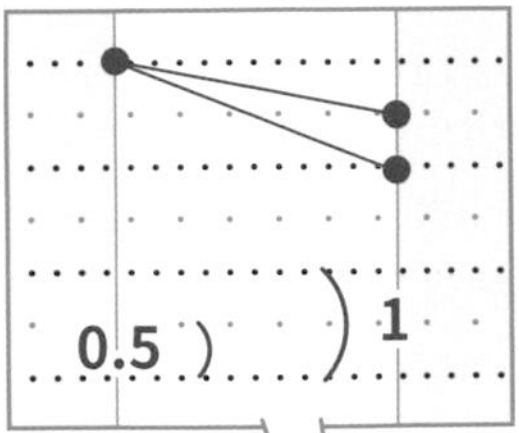

單位為「0.5」和「1」

0.5⋯⋯⋯cm ／ kg ／秒
1⋯⋯⋯cm ／ kg ／秒
關於格線的單位，綠色虛線代表「0.5」，黑色粗虛線為「1」。請分別將 cm、kg、秒數記錄在圖表中。

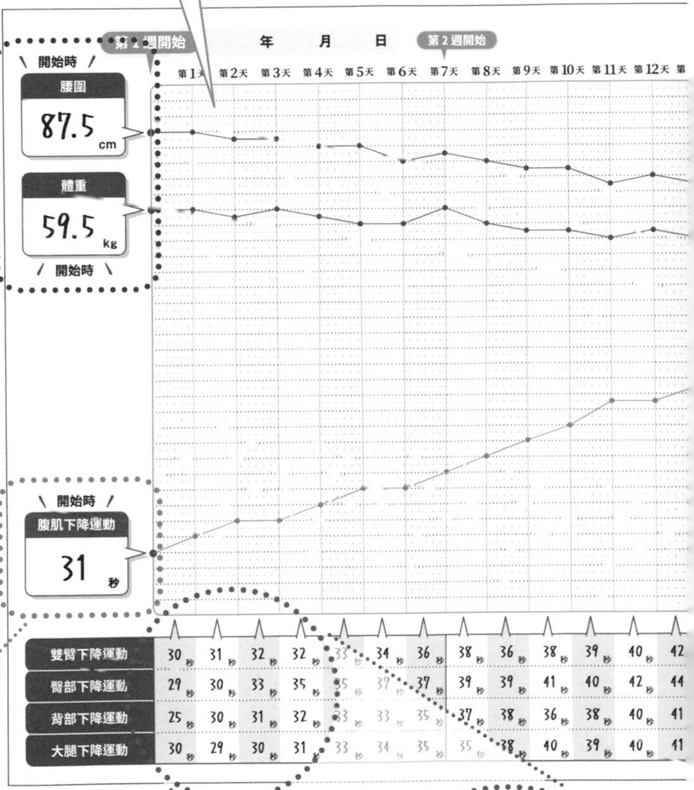

腹肌下降運動，可以做到幾秒！？

下降運動會讓腰圍尺寸驟減，因此請記錄下發揮下降運動主要作用的「腹肌下降運動」，可以做到幾秒的時間。

＼ 開始時 ／

腹肌下降運動

秒

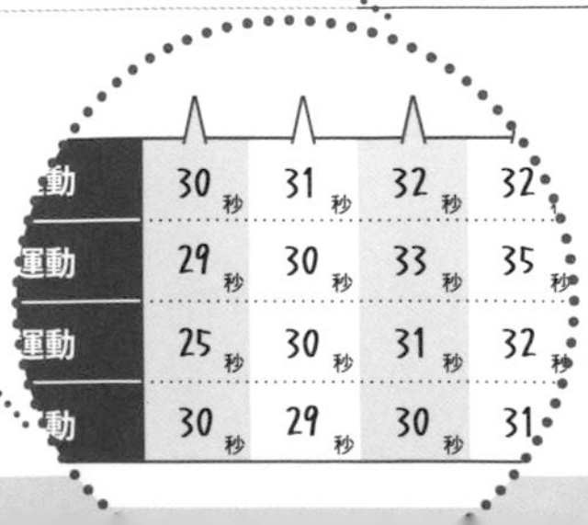

除了腹肌下降運動之外，其他 4 種下降運動的「秒數」也能記錄下來的話，將可充分體會到時間拉長的樂趣。

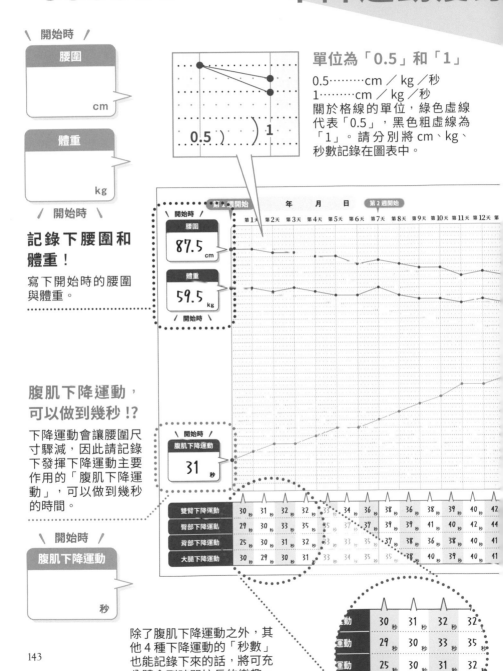

HealthTree 健康樹 健康樹系列 164

修身顯瘦の下降運動

利用離心力，有效啟動肌肉！一天一次，4 週瘦身有感

DROP MOTION 下ろすだけダイエット

作　　者　石村友見
譯　　者　蔡麗蓉
總 編 輯　何玉美
主　　編　紀欣怡
責任編輯　盧欣平
封面設計　張天薪
版型設計　葉若蒂
內文排版　許貴華
日本團隊　書籍設計：鈴木大輔、仲條世菜／攝影：榊智朗、坂本 美（p.13、95、97）／髮型與化妝：KIKKU ／校對：鷗來堂／特別感謝：江國冴香、船戶千登美／編輯：黑川精一（Sunmark Publishing）

出版發行　采實文化事業股份有限公司
行銷企畫　陳佩宜・黃于庭・蔡雨庭・陳豫萱・黃安汝
業務發行　張世明・林踏欣・林坤蓉・王貞玉・張惠屏
國際版權　王俐雯・林冠妤
印務採購　曾玉霞
會計行政　王雅蕙・李韶婉・簡佩鈺
法律顧問　第一國際法律事務所　余淑杏律師
電子信箱　acme@acmebook.com.tw
采實官網　www.acmebook.com.tw
采實臉書　www.facebook.com/acmebook01

I S B N　978-986-507-508-8
定　　價　330 元
初版一刷　2021 年 9 月
劃撥帳號　50148859
劃撥戶名　采實文化事業股份有限公司
10457 台北市中山區南京東路二段 95 號 9 樓
電話：（02）2511-9798　傳真：（02）2571-3298

國家圖書館出版品預行編目資料

修身顯瘦の下降運動：利用離心力，有效啟動肌肉！一天一次，4 週瘦身有感 / 石村友見著；蔡麗蓉譯 . -- 初版 . -- 臺北市：采實文化事業股份有限公司 , 2021.09
144 面 ; 14.8x21　公分 . -- (健康樹 ; 164)
譯自：下ろすだけダイエット
ISBN 978-986-507-508-8(平裝)
1. 塑身 2. 健身操
425.2　110012999

特別附錄 下降運動瘦身日曆

DROP MOTION CALENDAR

※使用方法請參照本書的 p.142。

第 1 週開始　年　月　日

第 2 週開始　第 3 週開始　第 4 週開始

\ 開始時 /

腰圍

cm

體重

kg

/ 開始時 \

\ 開始時 /

腹肌下降運動

秒

	第1天	第2天	第3天	第4天	第5天	第6天	第7天	第8天	第9天	第10天	第11天	第12天	第13天	第14天	第15天	第16天	第17天	第18天	第19天	第20天	第21天	第22天	第23天	第24天	第25天	第26天	第27天	第28天
雙臂下降運動	秒	秒	秒	秒	秒	秒	秒	秒	秒	秒	秒	秒	秒	秒	秒	秒	秒	秒	秒	秒	秒	秒	秒	秒	秒	秒	秒	秒
臀部下降運動	秒	秒	秒	秒	秒	秒	秒	秒	秒	秒	秒	秒	秒	秒	秒	秒	秒	秒	秒	秒	秒	秒	秒	秒	秒	秒	秒	秒
背部下降運動	秒	秒	秒	秒	秒	秒	秒	秒	秒	秒	秒	秒	秒	秒	秒	秒	秒	秒	秒	秒	秒	秒	秒	秒	秒	秒	秒	秒
大腿下降運動	秒	秒	秒	秒	秒	秒	秒	秒	秒	秒	秒	秒	秒	秒	秒	秒	秒	秒	秒	秒	秒	秒	秒	秒	秒	秒	秒	秒

\ 4 週之後 /

腰圍

cm

體重

kg

腹肌下降運動

秒

剪裁處

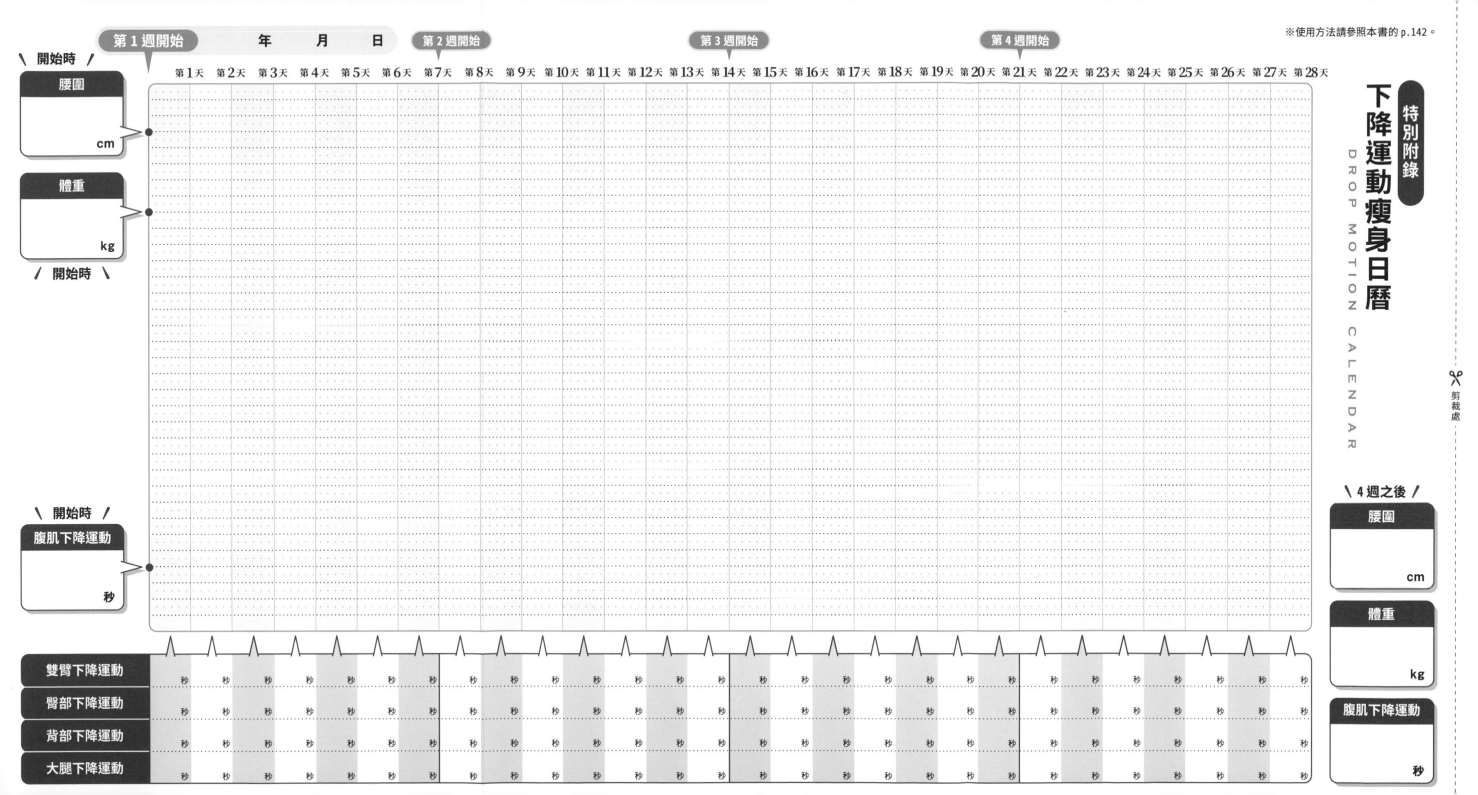

特別附錄

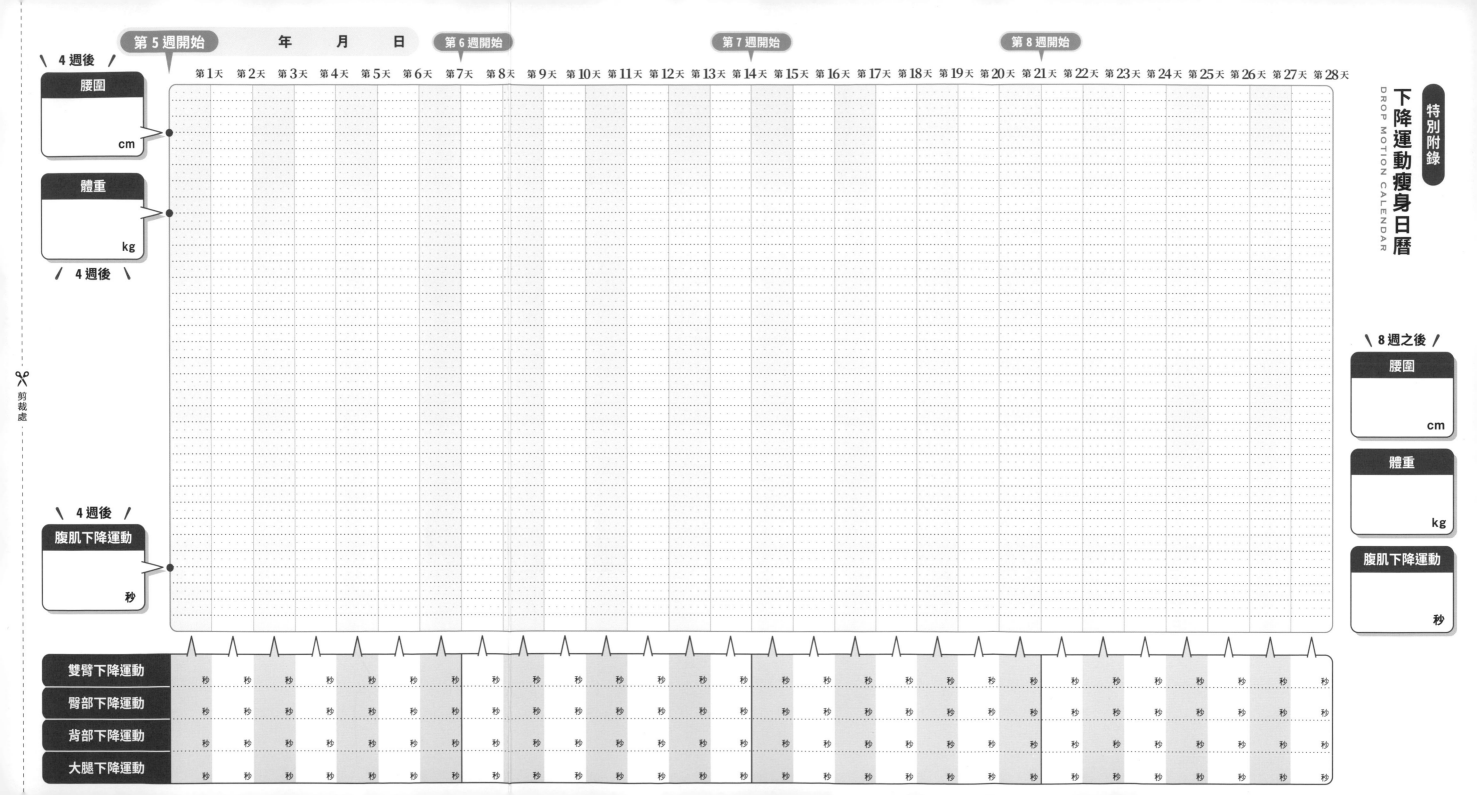

下降運動瘦身日曆

DROP MOTION CALENDAR

第 5 週開始　　年　　月　　日

第 6 週開始　　第 7 週開始　　第 8 週開始

第1天 第2天 第3天 第4天 第5天 第6天 第7天 第8天 第9天 第10天 第11天 第12天 第13天 第14天 第15天 第16天 第17天 第18天 第19天 第20天 第21天 第22天 第23天 第24天 第25天 第26天 第27天 第28天

\ 4週後 /

腰圍

cm

體重

kg

/ 4週後 \

\ 4週後 /

腹肌下降運動

秒

	第1天	第2天	第3天	第4天	第5天	第6天	第7天	第8天	第9天	第10天	第11天	第12天	第13天	第14天	第15天	第16天	第17天	第18天	第19天	第20天	第21天	第22天	第23天	第24天	第25天	第26天	第27天	第28天
雙臂下降運動	秒	秒	秒	秒	秒	秒	秒	秒	秒	秒	秒	秒	秒	秒	秒	秒	秒	秒	秒	秒	秒	秒	秒	秒	秒	秒	秒	秒
臀部下降運動	秒	秒	秒	秒	秒	秒	秒	秒	秒	秒	秒	秒	秒	秒	秒	秒	秒	秒	秒	秒	秒	秒	秒	秒	秒	秒	秒	秒
背部下降運動	秒	秒	秒	秒	秒	秒	秒	秒	秒	秒	秒	秒	秒	秒	秒	秒	秒	秒	秒	秒	秒	秒	秒	秒	秒	秒	秒	秒
大腿下降運動	秒	秒	秒	秒	秒	秒	秒	秒	秒	秒	秒	秒	秒	秒	秒	秒	秒	秒	秒	秒	秒	秒	秒	秒	秒	秒	秒	秒

\ 8週之後 /

腰圍

cm

體重

kg

腹肌下降運動

秒

剪裁處